Web学習アプリ対応　C言語入門

スマホ・PCを使いスキマ時間で楽々習得

板谷雄二　著

ブルーバックス

必ずお読みください

本書の付録Webアプリは、本書刊行前(2019年1月)に以下の環境で動作を確認しています(詳細は18〜19ページをご覧ください)。

端末の種類	OS	Webブラウザ
iPhone／iPad	iOS 12.1.2	Safari
Androidのスマホ／タブレット	Android 8.0／7.0／6.0	Google Chrome
Windowsパソコン	Windows 10	Microsoft Edge 44.17763.1.0
Mac	Mac OS X 10.14.2	Safari 12.0.2

上記より古い環境でご利用の場合、正しく動作しない可能性があります。付録Webアプリのご利用には、本書に封入されているライセンスキーが必要です。ライセンスキーは、本書を新品としてご購入いただいた方お一人のみ利用いただけます。ライセンスキーの有効期限は、2022年2月末日までの予定です(それ以降の有効期限の状況など、付録Webアプリの提供については、以下に記載の本書の特設ページにて情報を発信します)。

本書ならびに付録Webアプリ(以下「本書」と表記)に掲載されている情報は、2019年1月時点のものです。実際にご利用になる際には変更されている場合があります。本書は、スマホやパソコン、インターネットの一般的な操作をひと通りできる方を対象にしているため、基本操作などは解説しておりません。コンピュータという機器の性格上、本書はコンピュータ環境の安全性を保証するものではありません。著者ならびに講談社は、本書で紹介する内容の運用結果に関していっさいの責任を負いません。本書の内容をご利用になる際は、すべて自己責任の原則で行ってください。

著者ならびに講談社は、本書に掲載されていない内容についてのご質問にはお答えできません。また、お電話によるご質問にはお答えしません。あらかじめご了承ください。

本書の特設ページ

http://bluebacks.kodansha.co.jp/books/9784065147924/appendix/

本書で紹介される団体名、会社名、製品名などは、一般に各団体、各社の商標または登録商標です。本書ではTM、®マークは明記していません。

●カバー装幀／芦澤泰偉・児崎雅淑
●カバーイラスト／勝部浩明
●目次・本文・付録Webアプリデザイン・
キャラクターデザインなど／FIKA GRAPHICS　島浩二

まえがき

本書の目的

　コンピュータは特に用途が決まっていない機械です。私たちは、プログラミング言語を使うことによって、コンピュータを自由に操ることができます。

　本書は、プログラミング言語の1つであるC言語を解説した本です。C言語のみならず、プログラミング言語をまったく学んだことのない方を念頭に書きました。

　プログラミングは、パソコンを使いこなせないと習得できないと思っている方はいないでしょうか。本書では、パソコンやスマホの基本的な操作ができる方であればだれでも、プログラミングの基礎が学べます。

　パソコンやスマホのブラウザを使って、専用のサイトにアクセスします。そうすると、ナレーションや動画付きの解説でC言語のプログラミングが学べます。さらに、すでに入力されているプログラムや自分で入力したプログラムの動作が手軽に確認できますので、理解が深まるでしょう。

なぜC言語なのか

　それでは、数あるプログラミング言語の中で、なぜC言語を学ぶのでしょうか。C言語は半世紀以上も前から使われている言語です。より新しい言語を学びたいという方もいらっしゃるでしょう。

　しかし、C言語は、今でも人気が高いのです。しばしば

プログラミング言語の人気ランキングが発表されていますが、C言語は常に上位に入っています。

最近、AIでよく利用されるPython、IoTを制御するためのProcessing、iPhone/iPadアプリを作成するためのSwift、Androidアプリを作成するためのJava、動的なWebページのためのJavaScriptなどが話題になっています。

IoTを制御するのに、C言語もよく使われています。これは、C言語がハードウェアを直接制御できるからです。Python自体はC言語で作られたりしています。C言語は、他の言語が書けるくらい、高性能でもあるのです。Java、Swift、JavaScriptは、すべて手続き型言語と呼ばれているものです。C言語は手続き型言語の代表的なものですので、C言語を学び、使いこなせるようになれば、他の言語の習得はそれほど大変ではありません。C言語を学ぶことは、他の言語も同時に学ぶことにつながるのです。

つまり、C言語は古くてもまだまだ現役の言語なのです。安心して、C言語を学んでください。

本書の特徴

そのC言語を学ぶ方法として、従来は、まず、少々面倒であってもコンパイラなどのソフトウェアをパソコンにインストールしました。それから、本を傍らに置いて、本に掲載されている例題のプログラムを自分でパソコンにキー入力し、コンパイラを使って、そのプログラムの動作を確認し理解しながら、次第に身につけていきました。

まえがき

　著者は、パソコンの画面上だけでC言語の学習を進められる『見てわかるC言語入門』を2001年に上梓いたしました。解説のみならずコンパイラも内蔵していましたし、プログラムが入力済みでしたので、手軽に動作の確認もできました。幸い、多くの学校の教科書や参考書、あるいは、企業の社員研修用に採用していただきました。

　同書をベースに、スマホだけでC言語が学習できるように工夫した教材が、本書に添付しているWebアプリです。スマホは常に皆さんの手元にあることでしょう。スマホであれば、スキマ時間を利用した学習が可能になります。しかし、それに合うC言語教材がありませんでした。パソコンの前に座って学習できればいいのですが、そういう恵まれた環境にばかりいるわけではありません。電車やバスの中、ちょっとした待ち時間で学習したくても、そのための教材がなかったのです。

　スマホで学習というと、ドリル形式の教材を思い浮かべるかもしれません。すなわち、練習しかできず、理論は学べないと。しかし、本Webアプリでは、ナレーションや動画付きの解説により、理論もしっかり学べます。スマホの小さな画面であっても、スライド形式で解説が表示されるので見やすく、ナレーションを聴きながらですと、内容が頭にスッと入ってくるでしょう。

　本Webアプリのもう一つの大きな特徴は、スマホだけでプログラムの動作が確認できることです。新たに「Cシミュレータ」を開発し、スマホでも自分でCプログラムを入力・実行し動作確認をしたり、修正したりして、学習を

進めることができるようにしています。

スマホだけではなく、より画面が大きいタブレットやパソコンでも利用できます。

このWebアプリは単なる付録に見えるかもしれませんが、実際はこちらが主役です。書籍部分は脇役ですが、Webアプリの内容を誌上で再現しています。カラー刷りで内容が非常に充実していて、普通の単行本に劣りません。

さあ、本書とWebアプリを使って、C言語の基礎を学んでみましょう。今までにない学習体験ができることでしょう。

謝辞

本書の執筆、Webアプリの作成には、ブルーバックス編集チームの西田岳郎さんに大変お世話になりました。本書の構成について、数年前から何度も二人で議論をしました。Webアプリが大体完成してからは、西田さんには1番目のユーザーになっていただき、数々の改良点を指摘していただきました。ナレーションの音声については、Amazon Pollyを使いましたが、西田さんには、人工的なナレーションを、聴いていて違和感のないように細かく調整していただきました。本書は、Webアプリとしての提供やライセンスキーの封入など、従来とは大きく異なる本となったので、その調整にもだいぶご苦労をおかけしました。ありがとうございました。

もくじ

必ずお読みください	2
まえがき	3

第 1 部

プログラムとは	12
本書の特長	15
付録Webアプリのユーザー登録	18
Webアプリの使い方	27
学習の進め方	37

第 2 部

レッスン1	骨格と文字表示	42
レッスン2	printfで表示	55
レッスン3	文を並べる	61

レッスン4	簡単な計算	67
レッスン5	実数	75
レッスン6	2・8・10・16進数	84
レッスン7	変数と変数名	96
レッスン8	変数宣言	101
レッスン9	代入	109
レッスン10	変数と計算	120
レッスン11	増分・減分	125
レッスン12	複合代入	130
レッスン13	入力	133
レッスン14	注釈	139
レッスン15	実践練習:計算	142
レッスン16	関係演算と論理演算	143
レッスン17	判断をする	149
レッスン18	複数のif	159
レッスン19	条件式	167
レッスン20	複文	170

レッスン21	switch文	177
レッスン22	実践練習:選択	186
レッスン23	繰り返し:for文	187
レッスン24	いろいろなfor	195
レッスン25	多重for文	199
レッスン26	繰り返し:while文	205
レッスン27	繰り返し:do〜while文	211
レッスン28	実践練習:繰り返し	217
レッスン29	配列	218
レッスン30	マクロ	228
レッスン31	文字	233
レッスン32	文字列	240
レッスン33	実践練習:配列・文字列	248
レッスン34	関数(その1)	249
レッスン35	関数(その2)	259
レッスン36	再帰	270
レッスン37	ライブラリ	276

レッスン38	ポインタ	282
レッスン39	参照による呼び出し	293
レッスン40	ポインタと配列・文字列	299
レッスン41	構造体	306
レッスン42	ファイル処理	314
レッスン43	実践練習：関数・文字列・ファイル	326
レッスン44	応用例：数当てゲーム	327
レッスン45	応用例：加減算	328
レッスン46	応用例：計算ドリル	329

第 3 部

学習修了後は？	332
C言語豆知識	336
参考文献等	340
さくいん	343

第1部

- プログラムとは
- 本書の特長
- 付録Webアプリのユーザー登録
- Webアプリの使い方
- 学習の進め方

本書は、ブルーバックス『見てわかるC言語入門 Windows Vista対応版 CD-ROM付』(2008年2月刊行)の内容をベースに大幅に増補、改訂し、付録の学習ソフトをWebアプリとして提供するようにしたものです。

キャラクターデザイン／FIKA GRAPHICS　島 浩二
© 島 浩二　2019　無断使用を禁止します。

プログラムとは

　本書は、スマホやパソコンの基本的な操作はできるが、プログラミングについて学んだことがない方を対象として、C言語というプログラミング言語について解説します。ここでは、そもそもプログラムとは何かから、簡単に説明します。

ハードウェアとソフトウェア

　コンピュータは使用目的が決まっていない機械です。コンピュータで文書を作成することもできますし、ゲームをすることもできます。インターネット上の情報を検索したり、他の人とコミュニケーションを図ることもできます。

　コンピュータは、大きく分けると、2つの部分から構成されています。ひとつは、**ハードウェア**です。これは、コンピュータの機械自体を意味していて、CPUやメモリ、ディスクなどが該当します。

　もうひとつは**ソフトウェア**です。ソフトウェアはハードウェアに与える命令を集めたもので、ソフトウェアを変えることによってハードウェアの動作を変えることができます。私たちは、目的に合うソフトウェアを使って、コンピュータを利用します。

プログラミング言語

ハードウェアに与える命令は、当然ハードウェアが理解できなければなりません。そのような機械が理解できる命令を**機械語**と言います。機械語という言い方は、いかにも私たち人間が言葉（言語）を使って機械に指令を与えているようです。

この機械語は、私たちが通常使っている言葉と大きく異なり、非常に使いにくいものです。一方、私たちが使いやすいように用意されているのが**プログラミング言語**です。プログラミング言語を扱えるようになれば、コンピュータを自由に操ることができます。

世界には何千という言語があり、本書では日本語という言語を使っています。プログラミング言語にもたくさんの種類があります。その中で、広く使われており、ハードウェアに細かく指令が与えられる言語が、**C言語**です。

プログラムの需要とC言語を学ぶメリット

IT化が進み、プログラムの需要は高まり続けています。それに伴い、プログラムを学ぶ人も増えていて、若年層のプログラミング教育の必要性が唱えられています。

そうした中、プログラミング言語の中で、ここ数年人気なのがPythonです。プログラミング初心者でも習得しやすいといわれ、Pythonから始める人は増えています。あえてC言語を学ぶことのメリットとは何でしょうか。

まず、C言語は、プログラミング言語の定番中の定番であるという事実があります。C言語は、IT化が進む以前から、ハードウェアの制御で使われているため、機械類を動かすシステムの制御では必須です（＊）。プログラミングを学び始める前から、「自分はハードウェア制御のプログラマを目指す」と決めている人は少数かもしれませんが、プログラマがさまざまな現場で連携して仕事をしていることを考えると、長年定番中の定番となっている言語を扱えることは、大きな強みとなるでしょう。

また、C言語には、C++、C#、Objective Cといった、Cの派生言語がいくつかあります。C言語がわかると、それらの派生言語もマスターしやすくなります。いくつもの言語を操れるプログラマを目指しやすくなるのです。

そして、C言語ができる＝本格的なプログラミングの知識を習得している、と考えられる傾向があります。Pythonは習得しやすい分、Pythonができる人は、今後多くなると予想されます。その中で、C言語を習得しているのは、やはり強みです。もちろん、C言語で学べるプログラミングの基礎は、Pythonの習得にも大きな助けとなります。ちなみに、Pythonのうち広く使われているCPythonはC言語で書かれています。

小中学校でプログラミングの授業が必修科目となることで、プログラムを作ることは、かつてなかったほど身近になっていくでしょう。そんな中、これまで長年プログラミング言語で定番中の定番だったC言語は、今後も言語の流行り廃りの影響なく、「習得しておけば必ずメリットのあ

＊ Pythonでハードウェアの制御も行えますが、ハードウェアの制御の現場で主に使われているのはC言語と考えるのが一般的です。

る言語」として、需要が続くと予想されます。

本書の特長

　プログラミングの学習方法について、従来の方法と、本書で採用している方法を紹介します。

従来のプログラミングの学習方法

　C言語という新しい言語を学ぶわけですから、その言語の仕組み（文法）を理解するばかりでなく、実際に自分でその言語を利用することが、言語習得のために重要です。

　プログラミングの学習方法として一般的なのは、プログラムの解説書を読む方法です。また、ネット上に公開されているプログラムの解説ページや、解説動画を見たりしながら学ぶ方法もあります。

　いずれの方法でも、解説を読んだり、見聞きしたりするだけでは言語の習得は難しいですから、解説で示されるサンプルのプログラムを、実際にパソコンに入力し、プログラムの動作確認をしながら、言語の利用経験を積み重ねて理解を進めていきます。

　プログラミングの習得には、ある程度時間がかかりますし、学習の継続が求められます。しかし、仕事や学校、日常生活の忙しさの中、プログラミングを学習する時間を確

保するのは大変です。前述した従来の学習方法で、プログラミングの学習を継続していくのは簡単ではありません。

プログラミングの解説書は分厚いものが多く、持ち歩くのが面倒なことから、本とパソコンの両方を使いやすい自宅以外で学習するのは難しいでしょう。ネット上の解説ページや解説動画は、スマホやタブレットなどを使って外出中でも学習できる点は便利です。しかし、実際にプログラムを入力したり、プログラムの動作を確認することは難しく、読んだり、見聞きすることが中心となり、習得できている実感を得にくいでしょう。

持ち運びしやすく、外出中のスキマ時間にも学習を進めることができる。学習できる内容も、解説を読んだり、見聞きしたりするだけでなく、プログラムの入力から動作確認まで一緒に行える。これが、理想的な学習方法です。その実現を目指したのが、本書付録のWebアプリです。

本書で採用している学習方法

本書は、かつて『見てわかるC言語入門　CD-ROM付』として刊行したものを、大幅に改訂したものです。

その本のCD-ROMには、解説を読みながら、プログラムの入力から動作確認まで行えるC言語の学習ソフトを搭載していました。そのソフトを、スマホやタブレットでも使えるように設計しなおし、インターネットを通じて学習を進められるWebアプリ（＊）にしました。

Webアプリにすることで、簡単なユーザー登録（本書を

＊ Webアプリは、常時インターネットに接続して動作します。単に「アプリ」と呼ばれるものは、インターネットに接続しなくても動作するものも含まれます。

ご購入いただいた方は無料で登録できます）を済ませるだけで、外出中に携帯するスマホやタブレットだけでなく、ご自宅のパソコンでも共通した内容で学習を行えます。

Webアプリ上の解説は、解説文を読み上げる音声ストリーミング再生で進める形式になっています。内容によっては動きのある図を示しながら解説されるので、視覚的なイメージを得やすくなっています。読むだけでなく、聞きながら、目で確認しながら学習を進められるのです。

46あるレッスンの要所要所では、プログラムの入力から動作確認まで行える学習項目があります。そこでは、シミュレータ機能によって、サンプルのプログラムをWebアプリ上で実行でき、コンピュータ内部で行われる処理イメージと、実行結果を見ることができます。また、サンプルのプログラムの一部を、実際に入力してから、動作確認を行える演習や練習問題も多数用意されています。言語の利用経験も積み重ねながら学習しやすくなるでしょう。

そして、今回の大幅な改訂では、かつてモノクロだった紙面をフルカラーにしています。付録Webアプリと同じレッスン構成で、紙面でも学習できる内容を厳選して掲載しているので、読者の方のご都合に合わせて、書籍も使って学習を進めていただけます。

付録Webアプリは、スマホやタブレット、パソコンの基本操作ができ、日常問題なくインターネットを利用されている方で、加減乗除（四則演算）ができる方を対象としています。プログラミングの経験は不要です。次ページからの説明に沿ってユーザー登録して、使ってみましょう。

付録Webアプリのユーザー登録

　ここでは、本書の付録Webアプリをご利用いただくのに必要なものと、ユーザー登録の手順を説明します。

Webアプリのご利用に必要なもの

付録Webアプリのご利用には、以下が必要です。

●常時接続のインターネット環境
　ネット上の動画をスムーズに再生できる程度の通信速度が推奨です（＊）。

●スマホやタブレット、パソコン
　ネット接続、音声再生が可能で、画面解像度が、スマホでは640×1136ピクセル以上、タブレットやパソコンでは1024×768ピクセル以上のもの。本書刊行前に動作確認したOSやWebブラウザは、次ページの一覧表のとおりです。
　掲載されているOSやWebブラウザより新しいバージョンでのご利用に、不具合が生じることを確認した場合、20ページにURLを掲載している本書の特設ページにて、情報を公開する予定です。

＊付録Webアプリは、インターネット上にあるサーバーと通信しながら使用します。データ通信で生じる費用はお客様のご負担となります。あらかじめご了承ください。

付録Webアプリの動作を確認したOSやWebブラウザ(*)

端末の種類	OS	Webブラウザ
iPhone、iPad	iOS 12.1.2	Safari
Androidのスマホ／タブレット	Android 8.0／7.0／6.0	Google Chrome
Windowsパソコン	Windows 10	Microsoft Edge 44.17763.1.0
Mac	Mac OS X 10.14.2	Safari 12.0.2

●ユーザー登録

　付録Webアプリを、本書をご購入の方に利用いただくためのユーザー登録です。ユーザー登録後、ログインしてWebアプリを利用できるようになります。

●ライセンスキー

　本書の巻末付近にある袋とじページの中に掲載されています。ライセンスキーは16桁の数字で、1冊ずつ異なる番号になっています。1つのライセンスキーで、複数のユーザー登録は行えない仕組みになっています。

ユーザー登録の手順

　ユーザー登録は、以下の①〜④の手順で行います。

① **Webブラウザで、本書の特設ページを表示する**

　次ページのURLかQRコードで本書の特設ページを表示します。その際、上記の表「付録Webアプリの動作を

＊ 2019年1月時点のものです。上記より古い環境の場合、正しく動作しない可能性があります。それに関するお問い合わせには応じかねます。あらかじめご了承ください。

確認したOSやWebブラウザ」に掲載されたWebブラウザで、特設ページを表示することを推奨します。それらのWebブラウザでユーザー登録を行うと、登録後、そのまま付録Webアプリにログインして使用できます。

http://bluebacks.kodansha.co.jp/books/9784065147924/appendix/

② **特設ページの上にある「付録Webアプリのユーザー登録へ」をクリック(またはタップ……以下同)し、「ユーザー登録」ページ(次ページ)を表示する**

③ **「ユーザー登録」ページで以下を入力する**
・任意の「ユーザー名」と「パスワード」(半角の英数字と-、_のみ使えます。「パスワードを表示する」にチェックを入れると、入力内容を確認できます)
・書籍に関する2つの質問への回答 (本書の指定されたページ上にある本文の最初の文字を入力します)
・袋とじページに掲載される16桁の「ライセンスキー」(19ページ。4つの入力欄に4桁ずつ半角数字で入力します)

上記をそれぞれの欄に入力後、「ユーザー登録をする」をクリックします。

入力内容が正しければ、「ユーザー登録してよろしいですか?」というメッセージが表示されるので、問題がなければ「登録します。」をクリックします(登録しないときは、「登録しません。」をクリックします)。入力に不備があれば、そ

「QRコード」は株式会社デンソーウェーブの登録商標です。本書のQRコードは、株式会社デンソーウェーブとアララ株式会社が共同開発した「QRコードメーカー」で作成しています。

付録Webアプリのユーザー登録

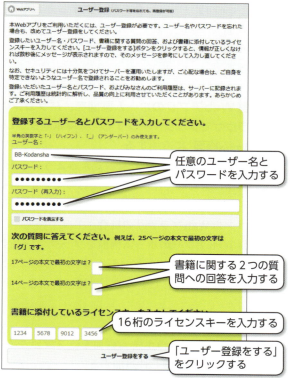

「ユーザー登録」ページ（Windows 10のブラウザ「Edge」で表示した場合）

れぞれのメッセージが表示されます。そのときは再確認して、入力してください。

「ユーザー登録されました。」というメッセージが表示されたら完了です（＊）。メッセージ上にある「OK」をクリックしたあと、「ユーザー登録」ページの左上にある

＊登録したユーザー名とパスワードは、Webアプリを運用するサーバーに保存されます。これらの取り扱いについて、特設ページ（前ページのURL）でご覧いただけます。

[Webアプリへ]（「Webアプリへ」）をクリックすると自動的にログインし、付録Webアプリのホーム画面に移動します。ホーム画面の使い方などは、27ページ以降で詳しく説明していきます。

④ 付録Webアプリのホーム画面を、パソコンのWebブラウザでブックマークする／スマホやタブレットの「ホーム画面」に追加する

付録Webアプリを簡単に表示できるように、お使いの端末の種類に合わせて、次の操作を行ってください。

・パソコンのWebブラウザの場合
→ 付録Webアプリのホーム画面をブックマークする。

これは、一般的なWebページをWebブラウザにブックマークする操作と同じですので、詳細は省略します。

・スマホやタブレットの場合
→ 付録Webアプリのホーム画面を、スマホやタブレットの「ホーム画面」に追加する。

この操作により、スマホやタブレットの「ホーム画面」に付録Webアプリのアイコンが表示され、それをタップするだけで付録Webアプリを起動できるようになります。

この操作は、iPhoneやiPadならSafariで、AndroidならGoogle Chromeで行ってください。操作手順は、SafariとGoogle Chromeでほぼ同じです。ここでは、Safariの手順を示し、Google Chromeの操作で補足が必要な箇所は

付録Webアプリのユーザー登録

( )内に示します。

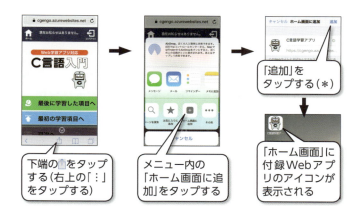

下端の□をタップする(右上の「︙」をタップする)

メニュー内の「ホーム画面に追加」をタップする

「追加」をタップする(＊)

「ホーム画面」に付録Webアプリのアイコンが表示される

「ホーム画面」上のアイコンをタップして付録Webアプリを起動すると、右の「起動後の画面」のように表示されます(ログインを求める画面が表示される場合、次ページの手順でログインします)。

「ホーム画面」に追加する操作を行う前は、画面上端にURL入力欄、下端にボタン類が表示されていましたが、それらは非表示になり、その分、付録Webア

起動後の画面

プリの画面の表示領域が広がり、使いやすくなります(操作後もURL入力欄やボタン類が表示される場合、一度SafariやGoogle Chromeのキャッシュを消去すると改善することがあります)。

＊ Google Chrome (Android) では、このあと別の確認画面が表示される機種もあります。その場合、「追加」や「作成する」といった表示をタップします。

ログアウトする／再度ログインする

　付録Webアプリからログアウトするときは、ホーム画面の右上にある「ログアウト」（27〜28ページの②）をクリックします。

　ログアウト後、あるいは、Webブラウザでログイン情報を保存せずにWebブラウザを閉じた後、再度付録Webアプリを表示させようとすると、以下のようなログインを求める画面が表示されます。

　ユーザー名とパスワードを入力して、「ログイン」をクリックすると、付録Webアプリのホーム画面が表示されます。

　ユーザー登録を行った以外の端末であっても、Webブラウザを使って、次ページのURLにアクセスすると、ロ

ログインを求める画面（Windows 10のブラウザ「Edge」で表示した場合）

グインを求める画面が表示されます。登録済みのユーザー名とパスワードでログインしてください。

https://cgengo.azurewebsites.net/

他の端末でログインする

　登録したユーザー名とパスワードで、同時にログインできる端末は1台だけです（＊）。1台でログイン中、他の端末でログインを試みると、以下の「他の端末でログイン中です」というメッセージが表示されます。

　そのまま他の端末でログインする場合は、「ログイン中の端末を強制的にログアウトし、この端末でログイン」をクリックします。ログイン中だった端末は自動的にログアウト状態となり、以降はあらたにログインした端末で、付録Webアプリを使えるようになります（ログアウト状態とな

「他の端末でログイン中です」というメッセージ
（Windows 10のブラウザ「Edge」で表示した場合）

＊ご購入の書籍1冊につき、1ユーザーがご利用いただける仕組みを保つためです。ご了承ください。

った端末で、付録Webアプリを操作しようとすると、「他の端末でログイン中です」のメッセージが表示されます)。

あらたな端末でログインせず、もともとログイン中だった端末で引き続き付録Webアプリを使う場合は、「ログインを中止」をクリックします。

ユーザー名／パスワードを忘れた場合

一度登録したユーザー名やパスワードを忘れて、ログインできなくなった場合は、再度ユーザー登録を行ってください。付録Webアプリでは、1つのライセンスキーで複数のユーザー登録を行えないようにするため、登録したユーザー名やパスワードのリマインダー機能、再設定機能を備えていません。あらかじめご了承ください。

再度、19ページの①の手順からユーザー登録を行うと、以前登録したユーザー名とパスワードは上書きされますが、学習履歴には影響しません。

ユーザー登録時に入力した、**ユーザー名とパスワードをお忘れにならぬよう、ご注意ください。**また、ライセンスキー（19ページ）が掲載されている袋とじページ部分を、紛失されないようご注意ください。なお、**いかなるご事情であっても、ライセンスキーの再発行、交換は行いかねます。**あらかじめご了承ください。

Webアプリの使い方

ここでは、Webアプリの各画面とボタンの役割などを紹介します。

ホーム画面（表紙）

ユーザー登録後、ログインすると、最初に表示される画面です。

ホーム画面(Windows 10のブラウザ「Edge」で表示した場合)

番号	ボタン名	概要	関連ページ
①	ホーム	ホーム画面を表示していることを示します	
②	ログアウト	Webアプリからログアウトします	24ページ
③	最後に学習した項目へ	前回利用時、最後に表示した学習項目の画面を表示します	34ページ 37ページ
④	最初の学習項目へ	レッスン1の1つ目の学習項目の画面を表示します	37ページ
⑤	目次へ	全レッスン名と全学習項目名を一覧表示します	33ページ
⑥	学習履歴へ	学習履歴の画面を表示します	33ページ
⑦	索引へ	索引の画面を表示します	35ページ
⑧	設定へ	設定の画面を表示します	36ページ
⑨	ユーザー登録へ	ユーザー登録の画面を表示します	21ページ
⑩	このアプリについて	Webアプリの使い方について詳しい説明を表示します	

1画面内に表示しきれないボタンがあるときは、画面下端に が表示されます。下方向にスクロールして、他のボタンを表示できます。

スマホなど表示領域が狭い端末では、ホーム画面は左図のように、③〜⑩のボタンが縦方向に並んで表示されます。

Webアプリの使い方

学習項目の画面

　学習項目の画面は、大きく分けて2種類あります。一つは、音声解説を聞きながら学習する解説の画面で、もう一つはWebアプリ上でプログラムを実行できるシミュレータの画面です。それぞれの画面にある各ボタンの役割などを紹介します。

◆解説の画面

① ホーム画面（27ページ）を表示します。

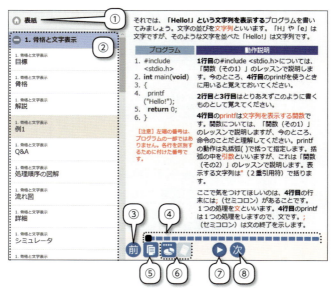

解説の画面（Windows 10のブラウザ「Edge」で表示した場合）

② パソコンのブラウザなど、表示領域が広い端末では、左側に目次が表示されます。目次から、各学習項目へ移動できます。

スマホなど、表示領域が狭い端末では、画面上部にある🏠 表紙への右側（レッスン名と学習項目名の部分）をクリックすると、目次がリスト形式で表示されます。

③ 前をクリックすると、1つ前の学習項目へ移動します。

④ 解説の進捗状況を示す再生バーです。再生バーをクリックすれば、その位置から再生されます。

⑤ 📄をクリックすると、下図のように小型画面が現れ、学習項目が表示されます。小型画面内の左右上端にある前と次で、他の学習項目を表示できます。小型画面を閉じるときは、再度📄をクリックします。

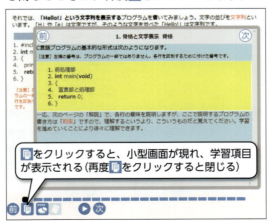

⑥ 🖼と📎が表示される学習項目では、画面の表示形式を

■（スライド形式）と■（ブック形式）に切り替えられます（＊）。スライド形式では、解説の読み上げに合わせて、要点がスライド形式で表示されていきます。スライド形式は、スマホなど表示領域が狭い端末でWebアプリを使う場合に便利です。

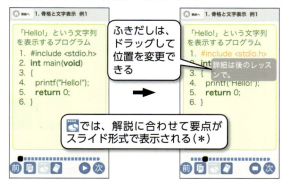

ブック形式では、29ページのように解説内容すべてが表示されます。使う端末の表示領域によって、2つの表示形式を使い分けるとよいでしょう。

⑦ ▶をクリックすると、解説の再生が始まります。再生中は表示が■になり、クリックすると再生が止まります（▶が表示されていない学習項目では、音声による解説はありません。音声再生時の不調については、40ページをご覧ください）。

⑧ 次をクリックすると、次の学習項目へ移動します。

◆シミュレータの画面

シミュレータの画面は次ページのようになっています。

＊学習項目の中には、ブック形式表示のみのものがあります。

シミュレータの画面(Windows 10のブラウザ「Edge」で表示した場合)

　Webアプリ上でプログラムを実行し、動作確認を行えます。この画面での音声による解説はありません。

　ボタン類は、29ページの解説の画面で紹介した①〜③、⑤、⑧は同じです。④、⑥、⑦の代わりに、プログラムの実行に使う2つのボタンがあります。

　これらのボタンを含め、シミュレータの画面の使い方は、38ページやレッスン1「骨格と文字表示」の「Cシミュレータ」という学習項目(49ページ)で詳しく紹介します。また、付録Webアプリの「このアプリについて」(27〜28ページの⑩)にも、詳しい説明があります。

目次の画面

目次では、下のようにレッスン名が一覧表示されます。レッスン名をクリックすると、各レッスンの学習項目が一覧表示されます。表示された学習項目名をクリックすると、その学習項目の画面に移動します。

なお、目次は、29〜30ページの②で紹介したように、学習項目の画面を表示しているときも参照できます。

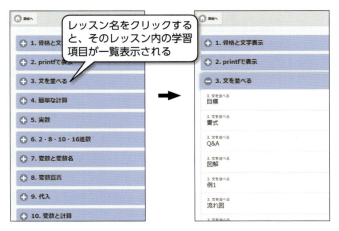

目次（Windows 10のブラウザ「Edge」で表示した場合）

学習履歴の画面

学習履歴の画面は、次ページのようになります。Webアプリで表示した学習項目を、「目次順」または「アクセ

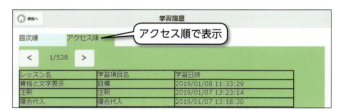

**学習履歴の画面。「目次順」(上)と「アクセス順」(下)。
(Windows 10のブラウザ「Edge」で表示した場合)**

ス順」で表示できます。

　学習履歴は、Webアプリのあるサーバー上に、ユーザーごとに記録されます(＊)。同じユーザーとしてログインしていれば、複数の端末でWebアプリを使用しても記録は残り、学習履歴の画面に表示されます。

　ホーム画面のところで紹介した「最後に学習した項目へ」(27〜28ページの③)をクリックすると表示される学習項目は、学習履歴にある一番新しい記録と同じになります。たとえば、外出中はスマホで学習を進め、帰宅後に自宅のパソコンやタブレットで学習を続ける際、「最後に学習した項目へ」をクリックすれば、スマホでの学習の続きから学習を再開できます。

　なお、学習履歴の画面では、一覧表示の中をクリックす

＊ Webアプリのご利用履歴はサーバーに保存されます。統計的にそれらを解析し、品質の向上に利用させていただくことがあります。あらかじめご了承ください。

Webアプリの使い方

ると、各項目へ移動できます。

索引の画面

索引の画面では、調べたいキーワードでWebアプリの学習項目内を検索できます。複数の語を空白で区切ってAND検索をしたり、レッスン番号で検索範囲を限定したりできます。また、検索結果で表示される学習項目名から、各項目へ移動できます。

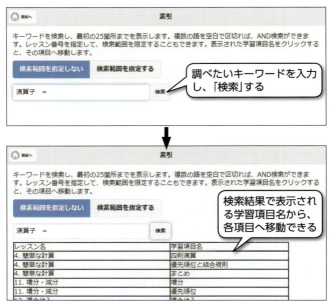

索引の画面（Windows 10のブラウザ「Edge」で表示した場合）

設定の画面

設定の画面では、以下の項目の設定変更を行えます。
・スライド形式とブック形式（30ページの⑥）のフォントサイズ
・解説読み上げ箇所の文字色、スライド形式表示とブック形式表示の強調色、スライド形式ふきだしの強調色
・スライドと目次の色

設定の画面（Windows 10のブラウザ「Edge」で表示した場合）

学習の進め方

◆Webアプリを使う学習のおおまかな流れ

　Webアプリを使う学習のおおまかな流れは以下のようになります。

（1）ホーム画面（27ページ）を表示する。
（2）以下のいずれかで、学習したい学習項目を表示する。
　　・「最後に学習した項目へ」（27ページの③）から、前回利用時、最後に表示した学習項目へ移動する。
　　・「最初の学習項目へ」（同④）から、レッスン1の最初へ移動する。
　　・「目次へ」（同⑤）や「学習履歴へ」（同⑥）から、学習したい学習項目を探し、移動する。
（3）学習項目の画面（29ページ）で、🖐か📖（29〜31ページの⑥）で表示形式を選択する。
（4）▶（29ページと31ページの⑦）をクリックして、解説の再生を開始する。
（5）再生後（学習後）、次（29ページと31ページの⑧）をクリックして次の学習項目へ移動する。または、目次（33ページ）を使って任意の学習項目へ移動する。

　各レッスン最後にある「次のレッスンへ」という項目で、次をクリックすると、その次のレッスンの最初の学習

項目へ移動します。

◆Cシミュレータでプログラミング体験

　各レッスンには、「実演」や「練習」といった名前の学習項目があります。これらの学習項目では、Webアプリ上でプログラムを実行し、動作確認を行えるシミュレータを使います。このシミュレータは、著者が開発したもので、本書では「**Cシミュレータ**」と呼んでいます。

　Cシミュレータの画面で表示されるボタンについては、31～32ページで紹介しました。操作方法は非常にシンプルです。詳しい操作については、レッスン1「骨格と文字表示」の「Cシミュレータ」という学習項目（49ページ）で画面を示しながら紹介しますが、Webアプリのレッスン1にある「実演1」から実際にCシミュレータを使っていくと、すぐに慣れていけるでしょう。

　Cシミュレータでは、あらかじめ入力してあるサンプルのプログラムを実行するだけでなく、サンプルのプログラムをご自身で書き換えて実行することもできます。「サンプルのこの部分をこう書き換えると、どうなるのだろう」といった場合、Webアプリ上で実際に試して、すぐに結果を確認できるのです。

　本格的なC言語の開発環境を準備するのは、C言語やプログラミングの入門者、初心者にとってやや難易度が高く、慣れるまで時間がかかります。本書の付録Webアプリでは、そうした開発環境は不要です。お手元にあるインターネットにつながるスマホやタブレット、パソコンだけ

でC言語のプログラミングを体験できます。

　本書の付録Webアプリで、C言語のプログラムに慣れ親しんだあと、開発環境を準備して、本格的なプログラミングを始めると、効率よく実践的な力をつけていけるでしょう。

◆付録Webアプリと書籍の併用で学習できる

　このように、付録Webアプリでは、解説を聞きながらC言語の概念や仕組みなどの基礎を学習するだけでなく、Cシミュレータで実際にプログラミングを体験しながら学習を進めることができます。解説に用いられるサンプルのプログラムの動作を、Webアプリ上で実際に見ながら確認したり、部分的に書き換えてから動作を確認したりすることで、C言語に慣れていけるのです。

　なお、現在みなさんがお読みの本書は、42ページ以降、付録Webアプリと同じレッスン1〜46で構成されていて、紙面でも学習できる内容を掲載しています。Cシミュレータのような Web アプリならではの学習項目が出てくるところには、Webアプリ上の該当学習項目の紹介を入れています。Webアプリで学んだ内容をおさらいするときなど、書籍も併用して学習を進められます。

◆付録Webアプリ内での英数字の用語の読み方について

　付録Webアプリの解説の画面（29〜31ページ）では、解説文が読み上げられます。英数字が用いられている用語の中には、もともと定まった読み方のないものがあります。

本書の付録Webアプリでは、そうした用語の読み上げ方を、慣例などから一般的によく使われていると考えられるものにしています。用語によっては、馴染みのある読み方とは異なる読み方になっているものがあるかもしれません。あらかじめご了承ください。

　付録Webアプリの公開後（本書の刊行後）、必要に応じて、読み方の修正やアクセントの調整などを行い、音声データを更新していく予定です。

　なお、音声ファイルのデータは、Amazon Pollyで作成したものを使用しています。

◆音声の再生について

　付録Webアプリでは、各端末のWebブラウザを使用し、音声データを読み込みながら再生します。そのため、まれに、音声が飛ぶ、再生が途中で終わるなど、音声の再生が不調となることがあり得ます。

　多くの場合、Webブラウザのキャッシュをクリアすることで、不調は解消するはずです。Webブラウザのキャッシュのクリア方法については、2ページにURLを掲載している本書の特設ページにてご紹介します。

　なお、Windows 10の「ナレーター機能」（Edgeの「音声で読み上げる機能」）など、音声読み上げ機能がオンの状態だと、付録Webアプリの音声と重なり聞きづらいときがあるかもしれません。あらかじめご了承ください。

第2部

・付録Webアプリの レッスン1〜46

動きのある図やシミュレータを用いる学習項目、発展的な内容の学習項目は、付録 Web アプリ上でご確認ください。

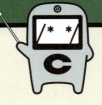

公共の場所で付録 Web アプリを利用される際は、周囲の迷惑とならぬようご配慮ください。適宜休憩を入れながらご利用いただき、長時間続けてスマホの画面を見続けぬようご注意ください。運転中、歩行中のスマホ操作は危険ですのでやめましょう。

1 骨格と文字表示

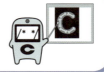

C言語プログラミングの学習をはじめましょう。

このレッスンでは、プログラムの骨格を説明し、簡単な文字表示をします。後のレッスンで説明する項目も多いので、詳細はまだ理解できなくても大丈夫です。骨格はこうなっているのだ、と「呪文」のように取り扱ってかまいません。学習を進めていけば詳細を理解できるようになります。

骨格

C言語プログラムの基本的な形式は次のようになります。

```
1    前処理部
2    int main(void)
3    {
4       宣言部と処理部
5       return 0;
6    }
```

[注意] 左端の番号は、プログラムの一部ではありません。
各行を区別するために付けた番号です（以下同）。

解説

各行の意味を説明しますが、ここで説明するプログラムの書き方は「約束」ですので、理解するというより、こういうものだと覚えてください。学習を進めていくことにより徐々に理解できます。

	プログラム	説　明
1	前処理部	詳細はレッスン34 「関数（その1）」（249ページ）で説明します。
2	**int** main(**void**)	一連の処理をまとめたものを関数といいます。このプログラムでは、「main」と名前を付けた関数（main関数）を記述しています。 最初に処理されるのはmain関数ですので、どのようなC言語プログラムでもmain関数は必ず含まれています。詳しくはレッスン34 「関数（その1）」（249ページ）で学習しますので、まだ理解できなくてもかまいません。 main関数を記述するには、**int** main(**void**)と書き、処理本体を「{」と「}」で囲みます。
3	{	処理本体の始まりを表します。
4	宣言部と処理部	この部分が重要であり、徐々に学習していきます。ここで実際の処理をさせるので、1行で終わることは少なく、通常、たくさんの行が必要になります。
5	**return** 0;	main関数の戻り値を0にし、main関数の処理を終了します。詳細はレッスン35 「関数（その2）」（259ページ）で説明します。
6	}	処理本体の終わりを表します。

int、**void**、**return**を**太字**で表している理由については、45ページのQ&Aを見てください。

例1

それでは、「Hello!」という**文字列を表示する**プログラムを書いてみましょう。文字の並びを文字列といいます。「H」や「e」は文字ですが、そのような文字を並べた「Hello!」は文字列です。

プログラム

```
1   #include <stdio.h>
2   int main(void)
3   {
4     printf("Hello!");
5     return 0;
6   }
```

1行目の#include <stdio.h>については、レッスン34「関数（その1）」(249ページ) で説明します。今のところ、**4行目**のprintfを使うときに用いると覚えておいてください。

2行目と**3行目**はとりあえずこのように書くものとして覚えてください。

4行目のprintfは**文字列を表示する関数**です。関数については、レッスン34「関数（その1）」で説明しますが、今のところ、命令のことだと理解してください。printfの動作は( )で括って指定します。( )の中を引数といいますが、これはレッスン35「関数（その2）」(259ページ)

で説明します。表示する文字列は" "で括ります。

ここで気をつけてほしいのは、**4行目**の行末には`;`があることです。1つの処理を文といいます。**4行目**の`printf`は1つの処理をしますので、文です。`;`は文の終了を示します。

5行目と**6行目**もとりあえずこのように書くものとして覚えてください。

Q 2行目の`int main(void)`では、なぜ`int`や`void`は太字で表記していて、`main`は太字でないのでしょう？

A `void`はC言語であらかじめ機能が決まっている語です。機能が決まっている語のことを予約語といいます。本書では、予約語を太字で表記して、見やすくしています。

予約語のスペリングを間違える（例えば、`void`と書かずに`vold`と書いてしまう）と、プログラムが正しく動きませんので、スペリングに注意する必要があります。

本書付録のWebアプリで使う「Cシミュレータ」（49ページで紹介）では、予約語が青く表示されますので、予約語のつもりでキー入力したはずなのに青く表示されていないときは、スペリングが間違っているとすぐ気づけるようになっています。

本書で学習する予約語は、`break`、`case`、`char`、`default`、`do`、`double`、`else`、`float`、`for`、`if`、`int`、`return`、`struct`、`switch`、`void`、`while`です。以降の

レッスンで、これらの予約語も学んでいきます。

処理順序の図解

プログラムは、上の行から下に向かって順番に処理されます。

```
プログラム
1    #include <stdio.h>
2    int main(void)
3    {
4      printf("Hello!");
5      return 0;
6    }
```

プログラムは上から順に実行され、return 0; で処理が終了する

流れ図

このレッスンのプログラムは非常に簡単ですが、これからだんだんと複雑なプログラムを学んでいくことになります。複雑なプログラムでは、処理手順がわかりにくくなります。わかりやすくするために、処理手順を図に描くことがあります。その図を流れ図あるいはフローチャートと呼びます。

実際のプログラム作成作業では、まず処理手順を流れ図に描いて、全体像を把握してからプログラムを作成する場合が多いのです。大きくて複雑なプログラムは複数の人で

作成しますので、この流れ図の書き方が統一されていないと、トラブルの原因になります。

　流れ図の書き方は、JIS（日本工業規格）で決まっていますので、その規則にしたがって描けば、多くの人に理解してもらえる流れ図が描けます。流れ図では、いくつかの図記号を並べて、線を結んで、組み合わせて使います。ここでは、以下の「流れ図の記号（規格番号JIS X 0121）」という表で示す2つの図記号について説明します。他の図記号については、後のレッスンで説明します。

　流れ図は、処理順に上から下に向かって図記号を並べ、線で結びます。処理順が上から下に向かわない場合や飛ば

流れ図の記号（規格番号JIS X 0121）

図	名　前	意　味
	端子 （ターミネータ）	流れ図の入り口（処理の開始点）と出口（処理の終了点）を表します。 図記号の中に「始め」と書いて入り口を示し、「終り」と書いて出口を示します。「始め」の代わりに、「はじめ」、「開始」、「スタート」と書く場合もあります。同様に、「終り」の代わりに、「終了」と書く場合もあります。
	表示	画面に表示するデータを表します。図記号の中に、説明文を書いたり、画面表示する文字を書いたりします。端子の図記号と形が似ているのが、注意点です。表示の図形記号は、左側と右側の曲線形状が異なっています。

す場合の書き方については後のレッスンで学習します。

例として、簡単なプログラムの流れ図を以下の「プログラムの処理手順の図式化」という表に示します。表左側のプログラムに対応する流れ図を右側に描いています。対応するどうしでプログラムと図記号を色分けしています。■で塗られている表示の図記号は、同色で塗られているprintf("Hello!");に対応します。

プログラムの処理手順の図式化

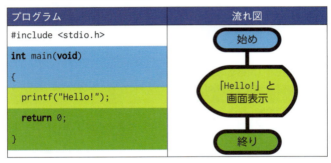

[注意]「始め」と「終り」の図記号については、無理にプログラムと対応付けしていて、正確ではありません。

詳細

`int main(void)`の`int`や`void`を省略して`main()`としても動作します。この歴史について簡単に説明します。

C言語は、ANSI(American National Standards Institute；米国規格協会)、ISO(International Organization for Standardization；

国際標準化機構）や JIS（Japanese Industrial Standards：日本工業規格）によって規格化されています。この規格制定以前は、1978年に出版された"The C Programming Language"（著者はKernighanとRitchieの2名）のスタイルが業界標準になっていました。この本はC言語のバイブル的に取り扱われ、著者名の頭文字をとって"K&R"と呼ばれています。

現在、同書は改訂されて改訂版（第2版）の日本語訳も出版されていますが、"K&R"というときは、初版（第1版）のみを指すことが多いようです。

K&Rでは言語仕様にあいまいな点があり、改良されたのがANSIで規定された仕様です。K&Rではmain()と記述していました。しかし、**int** main(**void**)とした方がプログラムの間違いが少なくなるため、ANSIでは後者の記述を薦めています。

著書によって、**void** main(**void**)、**int** main()、main(**void**)、main()、**int** main(**void**)のようにいろいろな形で書かれていますが、この中でANSIの規定どおりのものは **int** main(**void**)だけです。このレッスンでは、**int** main(**void**)にして説明を続けることにします。

Cシミュレータ

本書の付録Webアプリでは、Cシミュレータ（31～32ページ、38～39ページ）を使ってプログラムの処理過程を確認します。

このレッスンでは、Webアプリの目次にある見出しの

「実演1」、「実演2」、「練習」、「解答例」の学習項目でCシミュレータを使います。ここでは「実演1」を例に、Cシミュレータの基本的な使い方を紹介します。

以下はCシミュレータの画面です。画面は、「プログラム」(①)、「内部」(②)、「表示」(③) に分かれていま

Cシミュレータの画面
(スマホなど画面の横幅が
狭い場合の表示)

す。スマートフォンなど、画面の横幅が狭い場合は、左図のように表示され、パソコンなど、画面の横幅が広い場合は、下図のように横並びで表示されます。

「プログラム」には、プログラムが表示されます。「内部」には、プログラム実行中にコンピュータ内部で行われている処理のイメージが表示されます。「表示」には、プログラムの実行結果が表示されます。

Cシミュレータの「実行」ボタン(④) をクリックすると、1行目か

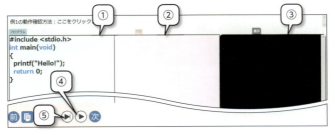

Cシミュレータの画面(パソコンなど画面の横幅が広い場合の表示)

ら順に処理を進めていきます。実行中の行の文字の背景色が変わります。また、「内部」にはmain関数の枠が表示され、main関数を処理していることを示します。

```
プログラム                                         内部
#include <stdio.h>                              main
int main(void)                                   □
{
  printf("Hello!");
  return 0;
}
```

実行中の「プログラム」と「内部」の様子

　実行が終了すると、printfによって文字列「Hello!」が「表示」に表示されます。

実行終了後の「表示」の様子

　実行後は、次ページの画面のように「プログラム実行終了」のメッセージが表示されますので、「OK」ボタンを

「プログラム実行終了」
のメッセージ

クリックしてください。

なお、「実行」ボタンの代わりに、「ステップ実行」ボタン（50ページの⑤）を使うと、クリックするたびに1行ずつ処理を進めていきます。

Webアプリのシミュレータを使ってみよう！

Webアプリの「実演1」では、「例1」（44ページ）のプログラムを実行し、処理の様子と実行結果を確認できます。

例2

日本語の文字列を表示するのは簡単にできます。" "の中の文字を変えればいいのです。

プログラム

```
1   #include <stdio.h>
2   int main(void)
3   {
4      printf("こんにちは　C言語");
5      return 0;
6   }
```

この部分の文字を変えればよい

日本語を使うとき注意したいことは、全角空白と半角空白をしっかり区別することです。例えば、**2行目**の **int** main

レッスン1　骨格と文字表示

では、`int`と`main`の間に半角の空白が入っています。これを全角空白にすると、正しくプログラムが動きません。

一方、**4行目**の「こんにちは」と「C言語」の間の空白は全角でも半角でもプログラムは正しく動きます。表示される空白が全角か半角になるだけです。

Webアプリのシミュレータを使ってみよう！

Webアプリの「**実演2**」では、「**例2**」（前ページ）のプログラムを実行し、処理の様子と実行結果を確認できます。

デバッグ

ここで学んだC言語プログラミングの基本的な形式は「約束」です。あるいは「呪文」としてとらえてください。呪文を間違えると、正しく動きません。

例えば、「main」を「mein」と唱えてしまうと、間違いです。Cシミュレータで実行しようとすると、「main関数が見つかりません。」と表示されてしまい、実行を停止してしまいます。

このような間違いを**バグ**と呼んでいます。バグは、「虫」を意味する英語のbugに由来していて、プログラムに虫が住みついて悪さをしているとイメージしてください。プログラムのバグを取り除くことを**デバッグ**（debug）と呼んでいます。なかなかバグが発見できず、このデバッグ作業に時間がかかることがよくあります。

53

例えば、最後の}を入れ忘れても、Cシミュレータでは「main関数が見つかりません。」と表示されます。main関数の最後の}がないので、Cシミュレータがmain関数を認識していないからです。

　同じ「main関数が見つかりません。」というメッセージが表示されたとしても、それぞれの対策は異なり、1つ目のバグに対しては「mein」を「main」に修正し、2つ目のバグでは最後に}を追加することになります。

　Cシミュレータが表示するメッセージを見ると、1つ目は気が付きやすいバグですが、2つ目は気が付きにくいバグです。このなかなか気が付きにくいバグがデバッグに時間がかかる原因となります。

　バグがわからないときは、メッセージにこだわらず、プログラムをよく見ることが大切になります。

Webアプリのシミュレータを使ってみよう！

Webアプリの「実演3」「実演4」では、間違っているプログラムの実行結果を確認できます。また、プログラムの間違いを修正してから、実行結果を確認できます。
「練習」では、「例2」（52ページ）のようなプログラムを使って、自分の名前を表示する練習を行えます。

2 printfで表示

このレッスンでは、printfの使い方を学びましょう。printfは文字を表示させます。途中に改行を入れたり、数字を表示してみます。

円記号とバックスラッシュ

このレッスンでは、書式を指定するのに、円記号やバックスラッシュを使います。円記号「¥」は、日本の通貨単位でも使われる記号です。一方、バックスラッシュ「\」は、左上から右下に伸びる斜線です。

C言語ではこれらの記号が多用されるのですが、OSや言語設定、フォントによっては、円記号を入力したのにバックスラッシュが表示されたり、その逆になったりすることがあります。円記号（¥）はWindows系のパソコンで、バックスラッシュ（\）は、MacやUNIX系のコンピュータ、iPhone／iPadやAndroid系の機器で表示されることが多いでしょう。これらの記号は表示が異なっていますが、C言語では同じ役割を果たします。

たとえば、Webアプリ上では、printf("%d¥n",100);のdとnの間にある記号は、「¥」（Windows）、「\」（MacやiPad、iPhone、Android）で表示されているでしょう。以

降本書では、これらの記号を「¥」で統一して示すことにします。なお、これらの記号を入力するには、Windowsパソコンでは［¥］キーを、Macパソコンでは［Option］キーを押しながら［¥］キーを押してください。

書式

printfは画面に文字や数字を表示する命令です。printfでは、何をどのように表示するかを指定します。例えば、printf("答えは%dです。",10)とすると、「答えは10です。」と表示されます。

printfの書き方は次のようになります。

printf(書式形式,表示する数字の並び)

・書式形式
%や¥の文字を用いて表示の仕方を指定します。" "で括ります。%や¥を用いていない文字はそのまま表示されます。
・表示する数字の並び
表示したい数字を「,」で区切って並べます。この並びは省略することができます。省略したとき、書式形式で指定した文字だけが表示されます。レッスン1では、表示する数字の並びを省略しました（44ページ）。

書式形式と表示する数字の並びの間には「,」を入れま

す。

この説明では理解しにくくても、「用例」（次ページ）で説明する例を見れば理解できるはずですので、心配しないでください。「用例」で説明する例を見てから、もう一度このページを見て理解を深めてください。

書式指定

書式形式では、%や¥を用いて表示する仕方を指定します。例えば、printf("私は%d歳です。¥n", 20)では、「私は20歳です。」と表示後、改行されます。%dで20の数字の表示方法を指定し、¥nで改行を指定しています。

代表的な指定方法を以下の表にまとめています。

指定方法	説明
%d	数字を整数の形式で表示します（整数とは小数を含まない数のことです）。小数点以下の桁は省かれます。
%f	数字を小数点付きで表示します。
%c	文字を表示します。詳しくは、レッスン31「文字」（233ページ）で説明します。
%s	文字列を表示します。詳しくは、レッスン32「文字列」（240ページ）で説明します。
¥n	改行します。
%%	%は特別の意味を持っていますので、%自体を表すには、%%とします。%を２つ続けて、１つの%を表すわけです。
¥¥	¥は特別の意味を持っていますので、¥自体を表すには、¥¥とします。¥を２つ続けて、１つの¥を表すわけです。

上記以外にも、%o（８進数表示）、%x（16進数表示）、%ld（高精度10進数表示）、%6.2f（全体６桁、小数点以下２桁表示）などがあります。

用例

書式形式の例をいくつかあげて、説明します。

プログラム	printf("Bye!")
表示例	Bye!
解説	二重引用符内の文字列がそのまま表示されます。

プログラム	printf("%d", 10)
表示例	10
解説	%dが数字の「10」に置き換わり、その「10」が表示されます。

プログラム	printf("答え %d", 10)
表示例	答え 10
解説	二重引用符の中に「答え」という文字列と%dが入っています。「答え」の文字列はそのまま表示され、%dがコンマの後にある「10」という数字に置き換わり表示されます。

プログラム	printf("%dと%d", 10, -20)
表示例	10と-20
解説	二重引用符の中に%dが２つあり、コンマの後にそれに対応する数字が２つあります。最初の%dが最初の数字の「10」に置き換わり、次の%dが次の数字の「-20」に置き換わります。%dの間にある「と」という文字はそのまま表示されます。結局、「10と-20」と表示されます。

プログラム	printf("%fと%f", 0.5, 99.9)
表示例	0.500000と99.900000
解説	%fを用いていますので、小数点以下の数も表示されます。

レッスン2 printfで表示

プログラム	printf("%d¥n%d", 1, 2)
表示例	1 2
解説	2つの%dの間に¥nがありますので、そこで改行されます。そのため、まず最初の%dで「1」を表示してから、改行し、次の%dで「2」を表示します。

プログラム	printf("率%f%%", 15.6)
表示例	率15.600000%
解説	二重引用符の中の%fで小数点付き数字を表示させるようにして、%を2つ使って、1つの%を表示させています。

例1

printfで数値を表示し、改行するプログラムを書いてみましょう。

プログラム

```
1  #include <stdio.h>
2  int main(void)
3  {
4    printf("%d¥n%d¥n%d¥n", 10,20,30);
5    return 0;
6  }
```

対応関係がわかるように、次ページでは、**4行目**のprintfの中を、**%d**(青い下線)、**¥n**(赤い下線)、①〜③を用いて区別しています。

59

このprintfは、10を表示し改行し（①）、20を表示し改行し（②）、さらに、30を表示し改行し（③）ます。
画面表示は次のようになります。

Webアプリの5つの実演（「実演1-0」〜「実演1-4」）では、「例1」（前ページ）のプログラムの動作確認や、それ以外の例を用いて動作確認を行えます。
「練習」では、課題に示す文字列を画面表示させるプログラムを書く練習を行えます。

3 文を並べる

プログラムには、たくさんの文（命令）を並べることができます。このレッスンでは、そのときの処理の順序について学習します。

書式

printfのように、処理をする命令を文といいます。2つの文を並べるには、次のようにします。

```
文1
文2
```

文は;で終わりますので、文の末尾に;をつけることに注意してください。処理は、上から順に（文1、文2の順で）行われます。

3つ以上の文があるときも同様です。次の場合は、文1、文2、文3の順で処理されます。

```
文1
文2
文3
```

文1
文2
の末尾には;がないのはなぜですか?

文は末尾の;を含んでいます。もし
文1;
文2;
としたら、
printf("%d",5);;
printf("Hello");;
のように最後に2つの;;をつけなければならないことになります。

処理順序の図解

プログラムは、上の行から下に向かって順番に処理されます。

プログラム

```
1   #include <stdio.h>
2   int main(void)
3   {
4       文1
5       文2
6       文3
7       return 0;
8   }
```

プログラムは上から順に実行され、return 0; で処理が終了する

例1

「こんにちは。元気ですか？」と表示するプログラムを2つの文を使って書いてみましょう。

プログラム

```
1  #include <stdio.h>
2  int main(void)
3  {
4      printf("こんにちは。");
5      printf("元気ですか？");
6      return 0;
7  }
```

4行目で、「こんにちは。」と画面に表示します。次に、5行目で、「元気ですか？」と表示します。すなわち、4行目と5行目を処理すると、最終的には、「こんにちは。元気ですか？」と表示されます。6行目のreturn 0;で処理を終了します。

4行目と5行目をまとめて

printf("こんにちは。元気ですか？");

と1つの文にしても結果は同じです。

4行目と5行目は文ですので、末尾に;を付けています。

6行目のreturn 0;も文ですので、末尾に;があることに注意してください。

流れ図

printf文が並んでいるときは、表示の図記号を並べます。処理順に上から下に向かって図記号を並べ、線で結ぶことに注意してください。

プログラムの処理手順の図式化

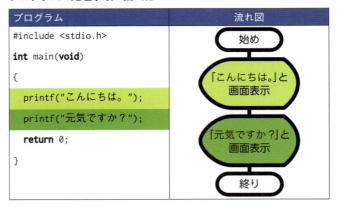

Webアプリのシミュレータを使ってみよう!

Webアプリの「実演1」では、「例1」(前ページ)のプログラムを実行し、処理の様子と実行結果を確認できます。また、printfの中を変更して、動作確認も行えます。

自由形式

C言語では、前処理部を除いて、行に縛られていません。このことを自由形式(フリーフォーマット)といいます。自由形式について、例1(63ページ)を使って説明しましょう。

例1では、4行目と5行目のように、1行に1つのprintfを使っていますが、2つの行を1つにまとめて、

  printf("こんにちは。"); printf("元気ですか？");

としてもかまいません。このときは、左の文から処理されます。また、C言語では、区切ってもよいところでは、半角空白はいくつ入れても、改行をいくつ入れてもかまいません。そのため、例1のプログラムを

```
1   #include <stdio.h>
2           int main (    void)      { printf("こんにちは。");
3   printf("元気ですか？"); return 0;}
```

としても、正しいプログラムです。しかし、このプログラムは少し見にくくなっています。例1の4行目〜6行目のように、数個の半角空白を行頭に入れているのは、プログラムを見やすくするためです。

簡単なプログラムの場合は、それほど見やすさに違いはありませんが、後のレッスンで出てくるもう少し複雑なプログラムでは、適度に半角空白を入れると見やすくなります。

自由形式：詳細

自由形式といっても、ある程度の制限があります。

例えば、printfの" "の中に空白を追加すると、その空白が画面に表示されます。" "の中で改行すると、正しく処理されません。printfのつづりの途中に空白を入れて、pr intfとすると、prとintfを別々に処理しようとしますので、正しく処理されません。

どこで空白を入れたり改行を入れたりできるかについては、学習を進めていくにつれ、徐々にわかるでしょう。

例 2

printfを3つ並べて「こんにちは。」「元気ですか？」「私は元気です。」と表示するプログラムを書いてみましょう。「元気ですか？」の後に改行を入れて、最初の2つのprintfを同じ行にしましょう。

プログラム

```
1   #include <stdio.h>
2   int main(void)
3   {
4     printf("こんにちは。");printf("元気ですか？\n");
5     printf("私は元気です。");
6     return 0;
7   }
```

4行目の最初（左側）のprintfで、「こんにちは。」と画面に表示します。次に、4行目の右のprintfで「元気ですか？」と表示し、「¥n」で改行します。5行目のprintfで「私は元気です。」と表示します。

　4行目と5行目をまとめて

　printf("こんにちは。元気ですか？¥n私は元気です。");

と1つの文にしても結果は同じです。

Webアプリのシミュレータを使ってみよう！

Webアプリの「実演2-0」では、「例2」（前ページ）のプログラムの動作確認を行えます。「実演2-1」〜「実演2-4」では、「例2」をもとにそれぞれ変更したプログラムの動作確認を行えます。

また、「練習」では、課題に示す文字列を画面表示させるプログラムを書く練習を行えます。

4 簡単な計算

　コンピュータは計算が得意です。このレッスンでは、足し算、引き算、掛け算、割り算について学習しましょう。

計算

●加算・減算

算数で学んだ記号を使って、C言語でも加算(足し算)、減算(引き算)ができます。加算には「+」の記号、減算には「-」の記号を使います。

例えば、10+100を計算し、計算結果を画面表示したいときは、printf("%d",10+100)とします。

●乗算・除算

C言語で掛け算(乗算)、割り算(除算)に使う記号は、算数で学んだ記号とは異なります。掛け算には「*」の記号、割り算には「/」の記号を使います。

例えば、2×6÷4を計算し、計算結果を画面表示したいときは、printf("%d", 2*6/4)とします。

●剰余

余り(剰余)を計算する記号は算数では学びませんが、C言語では用意されていて、「%」を使います。例えば、10%3は10を3で割ったときの余りの1になります。

●計算順序

10+20×3の場合は掛け算を先に計算すると算数で学びました。同様に、C言語でも足し算や引き算よりも先に掛け算や割り算が計算されますので、

 10+20*3 → 10+60 → 70

のように計算されます。

● 括弧

　算数でもC言語でも、掛け算や割り算よりも先に足し算や引き算をするには「( )」を使います。(10+20)*3は、
(10+20)*3　→　30*3　→　90
のように計算されます。

四則演算

　C言語で四則演算に使う記号は下表のようにまとめられます。+、-、*、/、%のように四則演算に使われる記号を四則演算子と呼んでいます。

記号	説明
+	足し算（加算）
-	引き算（減算）
*	掛け算（乗算）。算数の記号とは異なることに注意。
/	割り算（除算）。算数の記号とは異なることに注意。整数どうしの割り算を行うと、商が計算結果になります。20を3で割ったときの商は6ですので、20/3の計算結果は6になります。
%	余り。20を3で割ったときの余りは2ですので、20%3の計算結果は2になります。
( )	算数と同様に、掛け算や割り算は足し算や引き算よりも先に計算されます。例えば、10+2*3では、2*3が先に計算されて、計算結果が16になります。 計算の順序を変えるには、( )を用います。算数では{ }や[ ]を使うときもありますが、C言語では{ }や[ ]は計算の順序を変えるためには使えません。

+、-、*、/、%以外にも計算に使われる記号があり、それらを総称して算術演算子と呼んでいます（四則演算子は算術演算子です）。演算子を使って値などを結合したものを式といいます。

これらの演算子の前後には空白を入れて、計算式を見やすくすることができます。例えば、「10+20*30」を「10 + 20 * 30」のように書くことができます。

例1

7+3、7-3、7×3、7を3で割ったときの商と余り、および(7+3)/3を計算して表示するプログラムを書いてみましょう。

プログラム

```
1   #include <stdio.h>
2   int main(void)
3   {
4       printf("%d + %d = %d\n", 7, 3, 7+3);
5       printf("%d - %d = %d\n", 7, 3, 7-3);
6       printf("%d * %d = %d\n", 7, 3, 7*3);
7       printf("%d / %d = %d\n", 7, 3, 7/3);
8       printf("%d %% %d = %d\n", 7, 3, 7%3);
9       printf("(7+3) / 3 = %d\n", (7+3) / 3);
10      return 0;
11  }
```

4行目のprintfの出力書式"%d + %d = %d¥n"と数字との対応を色分けで示しますと、
```
printf("%d + %d = %d¥n", 7, 3, 7+3);
```
となります。3つの数字が表示され、各数字の間に+と=の記号が表示されます。¥nで改行しています。3つ目の数字である7+3は10と計算されますので、「7 + 3 = 10」と表示されることになります。

　5行目では7-3の計算が行われ、その結果が4となり、「7 - 3 = 4」と表示されます。

　6行目、**7行目**、**8行目**では、それぞれ、7×3、7を3で割ったときの商、7を3で割ったときの余りが計算され、表示されます。**8行目**の出力書式では%を1つ表示するために、printfのレッスン（57ページ）で学んだように、%%と%を2つ並べています。

　9行目では、(7+3)/3が計算されます。括弧内が先に計算されて、

　(7+3)/3　→　10/3　→　3

と計算されます。

　9行目では、割り算の記号「/」の前後に空白を入れて見やすくしています。

Webアプリのシミュレータを使ってみよう！

Webアプリの「実演1-0」では、「例1」（前ページ）のプログラムを実行し、処理の様子と実行結果を確認できます。また、「実演1-1」では、printfの中を変更して、動作確認も行えます。

計算手順

少し複雑な計算をみてみましょう。

((1+2)*3+5)/(5-3)-6 の計算手順を順番に表示すると、次のようになります。括弧内の計算が優先されることに注意してください。

((1+2)*3+5)/(5-3)-6
((1+2)*3+5)/(5-3)-6
(3*3+5)/(5-3)-6
(3*3+5)/(5-3)-6
(9+5)/(5-3)-6
(9+5)/(5-3)-6
14/(5-3)-6
14/(5-3)-6
14/2-6
14/2-6
7-6
7-6
1

例2

((1+2)*3+5)/(5-3)-6を計算して、表示するプログラムを書いてみましょう。

プログラム

```c
1  #include <stdio.h>
2  int main(void)
3  {
4    printf("%d\n",((1+2)*3+5)/(5-3) - 6);
5    return 0;
6  }
```

4行目で、((1+2)*3+5)/(5-3)-6を計算し、表示します。式が見やすくなるように、最後の-の前後に空白を入れています。

Webアプリの「実演2」では、「例2」のプログラムを実行し、処理の様子と実行結果を確認できます。また、printfの中を変更して、動作確認も行えます。

優先順位と結合規則

この項目は発展的な内容ですので、書籍では割愛します。興味のある方は、付録Webアプリをご覧ください（この項目には、音声解説はありません）。

例3

10*3/5と10*(3/5)を計算して、表示するプログラムを書いてみましょう。

プログラム

```
1   #include <stdio.h>
2   int main(void)
3   {
4       printf("10*3/5 = %d\n", 10*3/5);
5       printf("10*(3/5) = %d\n", 10*(3/5));
6       return 0;
7   }
```

4行目での計算は、
10*3/5 → 30/5 → 6
となります。

5行目での計算は、括弧内が先に計算されて、
10*(3/5) → 10*0 → 0
となります。

4行目の計算結果は6、**5行目**の計算結果は0で、計算順序が異なるだけで、計算結果が異なることに注意してください。

レッスン4 簡単な計算／レッスン5 実数

Webアプリのシミュレータを使ってみよう！

Webアプリの「実演3」では、「例3」（前ページ）のプログラムを実行し、処理の様子と実行結果を確認できます。また、printfの中を変更して、動作確認も行えます。
「練習」では、1日の秒数を表示させるプログラムを書く練習を行えます。

5 実数

このレッスンでは、実数やその計算について学習します。非常に大きい数や小さい数の表し方も学習します。

実数

●整数

……、-2、-1、0、1、2、3、4、5、……のように、小数を含まない数が整数です。

数学では
1,200,000,000,000,000（1200兆）や
-1,200,000,000,000,000（-1200兆）

のように非常に大きな数や小さな数も整数です。数学では数の大きさについては制限がありません。

C言語では表せる数の大きさに制限があり、非常に大きな数や小さな数は取り扱えません。取り扱える数の範囲はコンピュータシステムによって異なっています。Windowsパソコンでの代表的な整数の範囲は
-2,147,483,648 〜 2,147,483,647 です。

● 実数

12.345のように小数点以下にも数字が続く数が実数です。数学では整数は実数でもありますが、C言語では整数と実数は異なっているものとして取り扱われます。非常に大きな数から非常に小さい数まで表せます。

● 10の累乗

nを正の整数（1、2、3、4、……）としましょう。10のn乗は10^nと書き、n回10を掛け合わせたものです。例えば、$10^2 = 10 \times 10 = 100$、$10^5 = 10 \times 10 \times 10 \times 10 \times 10 = 100,000$ となります。

10^{-n}は$1 \div 10^n$のことです。例えば、$10^{-2} = 1 \div (10 \times 10) = 1 \div 100 = 0.01$、$10^{-5} = 1 \div (10 \times 10 \times 10 \times 10 \times 10) = 1 \div 100,000 = 0.00001$ となります。

累乗の約束により、$10^0 = 1$ です。

● 浮動小数点表現

1,230,000,000,000,000,000,000,000,000,000（1230秭）のように

大きな数や0.0000000000000000000000123のように小さな数は表現するのに長くなり間違えやすくなります。

10の累乗を使えば桁の長さがはっきりわかるので、間違いを回避することができます。例えば、上の数字は、

$1,230,000,000,000,000,000,000,000,000 = 1.23 \times 10^{27}$

$0.0000000000000000000000123 = 0.123 \times 10^{-20}$

となります。10の累乗の前の数を仮数（かすう）と呼びます。10の肩にある数を指数と呼びます。このように、仮数と指数を使って数字を表すことを浮動小数点表現と呼んでいます。

C言語ではEあるいはeを仮数と指数で挟んで実数を表すことができます。例えば、先程の数は、

1.23E27 あるいは 1.23e27

0.123E-20 あるいは 0.123e-20

と表します。Eやeを使うと実数を表していることが明確になりますので、仮数に小数点は必ずしも必要ではありません。すなわち、2E3は実数を表して、2×10^{3}ですから2000.0と同じ数になります。

浮動小数点表現による数の表し方は1つではありません。10000を例にとって挙げれば、

$10000 = 1 \times 10^{4} = 100 \times 10^{2} = 0.01 \times 10^{6}$

ですので、10000.0、1E4、100E2、0.01E6はすべて同じ数の表現になります。

図解

浮動小数点表現を図解してみましょう。0.001234をC言

語で1.234E-3と表現できることを図解します。

浮動小数点表現の手順
0.001234
↓
0.01234×10^{-1}
↓
$0.1234 \times 10^{-1} \times 10^{-1}$
↓
$1.234 \times 10^{-1} \times 10^{-1} \times 10^{-1}$
↓
1.234×10^{-3}
↓
1.234E-3

書式指定

　実数を表示する書式指定として、%fをレッスン2の「printfで表示」(57ページ)で学習しました。%fでは桁が多い数は長く表示されてしまいます。仮数と指数に分けて表示するためには、%eあるいは%Eで書式を指定します。仮数と指数の間の記号は、%eのときeになり、%EのときEになります。

　%eや%Eでは非常に大きい数や小さい数の表示が見やすくなりますが、それほど大きくなかったり小さくない場合は%fの方が見やすくなります。数の大きさに合わせて表示形式を変えたいとき、%g(%G)を使うと便利です。

　%g(%G)では、数があまり大きくなかったり小さくなかったりする場合は%fの書式で、非常に大きかったり小さかったりする場合は%e(%E)の書式で表示されます(次ページの表)。

レッスン5　実数

指定方法	説明
%f	数字を小数点付きで表示します。
%e	「仮数e指数」で表示します。
%E	「仮数E指数」で表示します。
%g	数があまり大きくなかったり小さくなかったりする場合は%fの書式で、非常に大きかったり小さかったりする場合は%eの書式で表示します。
%G	数があまり大きくなかったり小さくなかったりする場合は%fの書式で、非常に大きかったり小さかったりする場合は%Eの書式で表示します。

Q printf("%f",5)とすると、5.000000ではなく、0.000000と表示されます。なぜですか？

A 理由は本書の範囲を越えるため割愛しますが、printfでは整数と実数を自動的に判断してくれないため、私たちが区別しなければなりません。すなわち、整数値は%dで、実数値は%fや%eなどで表示させます。

例1

大きい数や小さい数を表示するプログラムを書いてみましょう。

プログラム

```
1  #include <stdio.h>
2  int main(void)
3  {
```

4	`printf("%f¥n", 123000000.0);`
5	`printf("%f¥n", 0.000123);`
6	`printf("%f¥n", 123e6);`
7	`printf("%f¥n", 123e-6);`
8	`printf("%e¥n", 123e6);`
9	`printf("%E¥n", 123e-6);`
10	`printf("%g¥n", 123e6);`
11	`printf("%G¥n", 123e6);`
12	`printf("%G¥n", 1.23);`
13	`**return** 0;`
14	`}`

4行目と**5行目**では%fで数字を表示します。

6行目では、123e6を%fで表示します。123e6は、$123 \times 10^6 = 123 \times 1000000 = 123000000.0$ となります。

7行目では、123e-6を%fで表示します。123e-6は、$123 \times 10^{-6} = 123 \times 1 \div 10^6 = 123 \div 1000000 = 0.000123$ です。

8行目では、123e6を%eで表示します。1.23e+008と表示されます。123e6と1.23e+008は等しい数です。

9行目では、123e-6を%Eで表示します。1.23E-004と表示されます。123e-6と1.23E-004は等しい数です。

10行目では、123e6を%gで表示します。123e6は非常に大きい数ですので、%eの形式が使われ、1.23e+008と表示されます。

11行目では、123e6を%Gで表示します。123e6は非常に大きい数ですので、%Eの形式が使われ、1.23E+008と表示

されます。

12行目では、1.23を%Gで表示します。1.23は大きくもなく小さくもない数ですので、%fの形式が使われ、1.23と表示されます。

Webアプリのシミュレータを使ってみよう!

Webアプリの「実演1」では、「例1」（79〜80ページ）のプログラムを実行し、処理の様子と実行結果を確認できます。また、printfの中を変更して、動作確認も行えます。

計算

●実数どうしの四則演算

実数どうしの加算・減算・乗算・除算は、レッスン4「簡単な計算」の「計算」（68〜69ページ）で学んだように、「+」、「-」、「*」、「/」の記号を使って行います。

整数どうしの除算では計算結果は商になりましたが、実数どうしの除算では計算結果はそのまま割り算した数になります。例を挙げますと、

整数どうしの計算……10/2は5　　10/4は2（商）
実数どうしの計算……10.0/2.0は5.0　　10.0/4.0は2.5

実数どうしの計算では余り（剰余）は無意味ですので、「%」の記号は使いません。

●整数と実数がまざった計算

式の中に整数と実数がまざっている場合は、必要時に整数が実数に自動的に変換されて計算が実行されます。以下に例を挙げます。

- 10/4.0 では、自動的に 10 が 10.0 に変換され、10.0/4.0 が計算されて、2.5 が結果になります。
- 10/4*4.0 では、まず 10/4 が計算されて 2 になり、2*4.0 の処理に移ります。整数（2）と実数（4.0）がまざっているので、2 が実数に自動的に変換されて 2.0 となり、2.0*4.0 が計算されます。結果は 8.0 になります。4 を 4.0（実数）にすると、10/4.0 は 10.0/4.0 の計算が行われますので、10/4.0*4.0 の計算結果は 10.0 になります。10/4*4.0 と 10/4.0*4.0 の計算結果が異なることに注意してください。
- (1+2.0)/6 では、まず 1+2.0 の整数と実数がまざった加算が行われますので、1 が 1.0 に変換され、3.0 となります。次に 3.0/6 が計算されますが、整数と実数がまざっていますので、6 が 6.0 に変換され、0.5 が計算結果になります。

例 2

計算して表示するプログラムを書いてみましょう。

プログラム

```
1    #include <stdio.h>
2    int main(void)
3    {
```

```
4      printf("%f\n", 10.0/2.0);
5      printf("%f\n", 10.0/4.0);
6      printf("%f\n", 10/4.0);
7      printf("%f\n", 10/4*4.0);
8      printf("%f\n", 10/4.0*4.0);
9      printf("%f\n",(1+2.0)/6);
10     return 0;
11   }
```

4行目で、10.0/2.0を計算し、表示します。

5行目で、10.0/4.0を計算し、表示します。2.5と表示されます。10/4の整数どうしの計算結果は2であり、異なります。

6行目で、10/4.0を計算し、表示します。10は自動的に実数に変換されてから計算されます。

7行目で、10/4*4.0を計算し、表示します。10/4が先に計算されます。10/4は整数どうしの計算ですので、計算結果は商になり、2となります。次に2*4.0が計算される前に、2が実数に変換されます。2.0*4.0の計算結果が8.0になります。

8行目で、10/4.0*4.0を計算し、表示します。10/4.0が先に計算されます。10/4.0は整数と実数がまざっていますので、整数の10が実数に変換され、計算され、結果は2.5になります。次に2.5*4.0が計算され、結果が10.0になります。

9行目で、(1+2.0)/6を計算し、表示します。まず1+2.0

の整数と実数がまざった加算が行われますので、1が1.0に変換され、3.0となります。次に3.0/6が計算されますが、整数と実数がまざっていますので、6が6.0に変換され、0.5が計算結果になります。

Webアプリのシミュレータを使ってみよう！

Webアプリの「実演2」では、「例2」（82〜83ページ）のプログラムを実行し、処理の様子と実行結果を確認できます。また、printfの中を変更して、動作確認も行えます。
「練習」では、半径が10cmの円の面積を求めるプログラムを書く練習を行えます。

6 2・8・10・16進数

　今までのレッスンでは、数を表すのに、0、1、2、3、4、5、6、7、8、9の合計10個の記号を使っています。
　0と1の2つの記号しか使わずに数を表す方法もあります。または、8個の記号を使う表現方法、16個の記号を使う表現方法もあります。このレッスンでは、これらの方法について説明します。

レッスン6　2・8・10・16進数

10進数

● 10進数

　私たちが日常使っている数は、0から9までの10個の記号を使って表します。10個の記号を1回しか使わなければ（1桁のみで表せば）、0、1、2、3、4、5、6、7、8、9のように、限られた数しか表せません。そのため、私たちは、桁を増やして、多くの数を表せるようにしています。

　例えば、9の次の数を表すのに桁を1つ増やして2桁にします。9の次は、桁上がりが起こって10となります。11、12、……、19と続いていき、その次は20となります。21、22、……、99と続き、その次は桁上がりが2回起こって3桁の100となります。

　すなわち、私たちが通常使っている数は次のような規則に従っています。

・0、1、2、3、4、5、6、7、8、9の10個の記号を使う。
・9の次の数は、その桁を0にして、上の桁の数を1つ増やす（桁上げをする）。

　このようにして数を表す方法を10進法といい、表した数を10進数といいます。

図解1

Webアプリをチェック！

Webアプリの「図解1」にある動く図で、10進数で1から100まで数える様子を見てみましょう。

2進数

●2進数

コンピュータ内部では、0と1の2つだけの記号を使って、数を表します。そのため、次の規則に従います。

・0、1の2個の記号を使う。
・1の次の数は、その桁を0にして、上の桁の数を1つ増やす（桁上げをする）。

このようにして数を表す方法を2進法といい、表した数を2進数といいます。2進数の読み方は数字をそのまま読むようにします。例えば、100はイチレイレイと読みます。

この規則に従いますと、0の次が1、1の次が桁上げが起こって10に、10の次が11になります。11の次で1の桁上げが起こり、さらに1の桁上げが起こり、100になります。

2進数の各桁には0か1を使い、0か1によって情報を表しています。この情報の単位をビットといいます。2進数の100は0と1を3つ使っていますので、3ビットです。

レッスン6　2・8・10・16進数

● 10進数と2進数の表記方法

10進数の948という数は9の記号が使われているため、2進数と混同されることはありませんが、100と書いた場合、2進数の100か10進数の100かは明らかでありません。明確にするために、2進数の場合、数の後ろ右下に小さく $_2$ あるいは $_{(2)}$ と書いたり、数の後ろにbと書いたりすることがあります。すなわち、100_2、$100_{(2)}$ や100bと書くわけです。

10進数の場合は、数の後ろ右下に小さく $_{10}$ あるいは $_{(10)}$ と書くか、数の後ろにdと書きます。すなわち、100_{10}、$100_{(10)}$ や100dと書きます。ただし、10進数はよく使いますので、明記しない場合が多く、ただ単に100とあれば、10進数の100とみなします。

● 10進数と2進数の関係

0の数からはじめて、次の数、その次の数、そのまた次の数、というふうに数を並べてみましょう。10進数と2進数の2つの方法で表しますと、右表のように書けます。

この表にある12以降の数も同様に書けます。表から、10進数の12と2進数の1100_2は、表現方法が違うだけで、同じ数を表すことがわかります。

10進数	2進数
0	0
1	1
2	10
3	11
4	100
5	101
6	110
7	111
8	1000
9	1001
10	1010
11	1011
12	1100

図解2

Webアプリをチェック！

Webアプリの「図解2」にある動く図で、2進数で1から30まで数える様子を見てみましょう。
1（2^0）の位の数が2になると桁上がりが起こり、2（2^1）の位の数が1つ増えます。111_2の次の数では、1（2^0）の位から、2（2^1）の位から、4（2^2）の位からと次々と桁上がりが起こることを確認してください。各桁の動きがはやいので、じっくり確認してください。

8進数

●8進数

0から7までの8個の記号を使って、数を表す場合もあります。この場合、次の規則に従います。

・0、1、2、3、4、5、6、7の8個の記号を使う。
・7の次の数は、その桁を0にして、上の桁の数を1つ増やす（桁上げをする）。

このようにして数を表す方法を8進法といい、表した数を8進数といいます。8進数の読み方は数字をそのまま読むようにします。例えば、175はイチナナ（シチ）ゴと読みます。

この規則に従いますと、7の次が桁上げが起こって10に、17の次が20になります。77の次では、7の桁上げが起こり、さらに7の桁上げが起こり、100になります。

● 8進数の表記方法

8進数の場合、数の後ろ右下に小さく$_8$あるいは$_{(8)}$と書いたり、数の後ろにo（小文字のオー）と書いたりすることがあります。100_8、$100_{(8)}$や100oと書くわけです。oは0（数字の零）と間違えやすいので、注意しましょう。

● 10進数と2進数、8進数の関係

0の数からはじめて、次の数、その次の数、そのまた次の数、というふうに数を並べてみましょう。10進数と2進数、8進数の3つの方法で表しますと、右表となります。

この表にある12以降の数も同様に書けます。表から、10進数の12と8進数の14_8は、表現方法が違うだけで、同じ数を表すことがわかります。

10進数	2進数	8進数
0	0	0
1	1	1
2	10	2
3	11	3
4	100	4
5	101	5
6	110	6
7	111	7
8	1000	10
9	1001	11
10	1010	12
11	1011	13
12	1100	14

図解3

Webアプリをチェック！

Webアプリの「図解3」にある動く図で、8進数で1から100まで数える様子を見てみましょう。
$1(8^0)$の位の数が8になると桁上がりが起こり、$8(8^1)$の位の数が1つ増えます。

16進数

● 16進数

16個の記号を使って、数を表す場合もあります。この場合、0から9までの記号では足りないので、aからf、あるいはAからFの記号もあわせて使います。

16進数は次の規則に従います。

・0、1、2、3、4、5、6、7、8、9、a、b、c、d、e、fの16個の記号を使う（a、b、c、d、e、fの代わりにA、B、C、D、E、Fでもよい）。
・fの次の数は、その桁を0にして、上の桁の数を1つ増やす（桁上げをする）。

このようにして数を表す方法を 16進法 といい、表した数を 16進数 といいます。16進数の読み方は数字をそのまま読むようにします。例えば、8f5はハチエフゴと読みま

す。

　この規則に従いますと、fの次が桁上げが起こって10に、1fの次が20になります。ffの次では、fの桁上げが起こり、さらにfの桁上げが起こり、100になります。

● 16進数の表記方法

　16進数の場合、数の後ろ右下に小さく $_{16}$ あるいは $_{(16)}$ と書いたり、数の後ろにhと書いたりすることがあります。100_{16}、$100_{(16)}$や100hと書くわけです。

● 10進数と2進数、8進数、16進数の関係

　0の数からはじめて、次の数、その次の数、そのまた次の数、というふうに数を並べてみましょう。10進数と2進数、8進数、16進数の4つの方法で表しますと、右表のようになります。

　この表にある17以降の数も同様に書けます。

10進数	2進数	8進数	16進数
0	0	0	0
1	1	1	1
2	10	2	2
3	11	3	3
4	100	4	4
5	101	5	5
6	110	6	6
7	111	7	7
8	1000	10	8
9	1001	11	9
10	1010	12	a
11	1011	13	b
12	1100	14	c
13	1101	15	d
14	1110	16	e
15	1111	17	f
16	10000	20	10
17	10001	21	11

8進数、16進数の表し方

C言語での8進数、16進数の表し方を説明しましょう。

8進数を表すには、数の前に0(数字の零)を付けます。例えば、8進数の177は0177と書きます。

8進数では8や9の記号は使えませんので、0801、0119は間違いです。0801や0119は、10進数の801や119のように見えてしまいますので、注意が必要です。

16進数を表すには、数の前に0xあるいは0Xを付けます。xやXの前の「0」は数字の零です。16進数のe5(E5)は、0xe5、0Xe5、0xE5、あるいは、0XE5と書きます。

2進数を表す方法はC言語では用意されていません。

8進数、16進数の出力書式

8進数を表示する書式指定は、%oです。「o」は英小文字のオーです。

16進数を表示する書式指定は、%xあるいは%Xです。%xの場合、abのように、数には英小文字の記号(a〜f)が使われます。%Xの場合、ABのように、数には英大文字の記号(A〜F)が使われます。

例1

8、10、16進数を8、10、16進数表示するプログラムを書いてみましょう。

レッスン6 2・8・10・16進数

プログラム

```c
1   #include <stdio.h>
2   int main(void)
3   {
4     printf("%d %o %x\n", 99, 077, 0xff);
5     printf("%d %o %x\n", 17, 17, 17);
6     printf("%d %o %X\n", 017, 017, 017);
7     printf("%d %o %x\n", 0x17, 0x17, 0x17);
8     return 0;
9   }
```

4行目では%d（10進数表示）で10進数の99を、%o（8進数表示）で8進数の77を、%x（16進数表示）で16進数のffを表示します。「99 77 ff」と表示されます。

5行目では、10進数の17を%d（10進数表示）、%o（8進数表示）、%x（16進数表示）で表示します。「17 21 11」と表示されます。

6行目では、8進数の17を%d（10進数表示）、%o（8進数表示）、%X（16進数表示）で表示します。%Xを使っていますので、16進数では大文字が使われます。「15 17 F」と表示されます。

7行目では、16進数の17を%d（10進数表示）、%o（8進数表示）、%x（16進数表示）で表示します。「23 27 17」と表示されます。

> **Webアプリのシミュレータを使ってみよう!**

Webアプリの「実演1」では、「例1」(前ページ)のプログラムを実行し、処理の様子と実行結果を確認できます。また、printfの中を変更して、動作確認も行えます。

計算

● 8、10、16進数がまざった計算

8進数、10進数、16進数は数の表現方法ですので、数自体の大きさは変わりません。式の中に8進数、10進数、16進数がまざっていても、正しく計算が行われます。

例2

8進数、10進数、16進数がまざった式を計算して、表示するプログラムを書いてみましょう。

プログラム

```
1   #include <stdio.h>
2   int main(void)
3   {
4     printf("%d\n", 100+0100);
5     printf("%o\n", 077*2);
6     printf("%X\n", 0xab+01);
7     return 0;
8   }
```

4行目で、10進数の100と8進数の100を足し、結果を10進数表示します。8進数の100は10進数に直すと64です。

5行目で、8進数の77と10進数の2を掛け、結果を8進数表示します。8進数の77は10進数の63です。63の2倍は126で、8進数の176です。

6行目で、16進数のabと8進数の1を足し、結果を16進数表示します。結果は大文字で表示されます。

4行目から**6行目**の表示結果は、

164

176

AC

となります。

Webアプリの「実演2」では、「例2」（前ページ）のプログラムを実行し、処理の様子と実行結果を確認できます。また、printfの中を変更して、動作確認も行えます。

変換

この項目は発展的な内容ですので、書籍では割愛します。興味のある方は、付録Webアプリをご覧ください（この項目には、音声解説はありません）。

図解4

Webアプリをチェック！

Webアプリの「図解4」にある動く図で、2進数、8進数、16進数の変換の様子を見てみましょう。
$64_{(10)}$ から $255_{(10)}$ までの数の変換を示します。

Webアプリのシミュレータを使ってみよう！

Webアプリの「練習」では、8進数の777の次の数を8進数で、16進数のfffの次の数を16進数で表示させるプログラムを書く練習を行えます。

7 変数と変数名

　ここまでの知識で、計算をするプログラムは作成できるようになり、電卓的な使い方はできるようになったことでしょう。
　電卓にはメモリ機能があり、計算途中の結果を記憶しておくことができます。Cプログラムでも、電卓のメモリに

相当する機能があります。電卓ではたくさんの数を記憶することはできませんが、Cプログラムでは、非常に多くの数を記憶できます。Cプログラムでは、それらの数を区別するために名前を付けます。

このレッスンでは、数を記憶する変数について学習します。変数とは何であるかを理解し、変数に付ける名前について学びます。説明が長くなりますが、約束事の説明が多くなっているだけですので、安心して学習を続けてください。

変数とは

82039×25+150×123を計算する場合を考えてみましょう。暗算できなければ、例えば、82039×25を計算してメモにとって、150×123を計算してメモにとって、最後に、メモした2つの数値を加え合わせたりします。このように、私たちは長い式を計算するとき、途中の結果を忘れないように、メモにとったりします。

プログラムでも同じです。多くの場合、途中の結果をどこかに保管する必要があります。たくさん保管する必要があるときは、それぞれを区別できるようにしておかなければなりません。そのために、その保管場所に名前をつけます。保管場所を変数、保管場所の名前を変数名と呼びます。

変数名

変数の名前（変数名）の付け方には規則があります。次の１から３のすべての条件を満たしていなければなりません。

1. 先頭の文字は英文字あるいはアンダーバー
2. 先頭以外に使える文字は英文字、アンダーバー、あるいは数字
3. 予約語は使用できない。

１と２の条件にあるアンダーバーは「_」のことです。３の条件にある「予約語」とは、C言語であらかじめ機能が決まっている語のことです。voidは予約語です。予約語として、他に、break、case、char、default、do、double、else、float、for、if、int、return、struct、switch、while等があります。

例えば、hensuuは３つの条件をすべて満たしていますので、正しい変数名になります。同様に、HENSUUもHensuuも正しい変数名です。大文字と小文字は区別しますので、これらはすべて違う名前になります。文字数については明確な制限はありません。例えば、長い「mite_wakaru_C_gengo_nyumon」は、正しい変数名です。

変数名が有効となる文字数は先頭から最低31文字で、この文字数のことを有効先頭文字数といいます。２つの名前があり、有効先頭文字数までが同じでそれ以降が違って

いる場合、それらの名前は区別されません。

なお、名前のことを識別子とも呼びます。

例1

次の5つはすべて正しい変数名です。

a
I
CGENGO
hensuu_mei
_1Ban

なぜならば、変数名の規則（前ページ）をすべて満たしているからです。

例2

次は変数名として正しくない例です。

正しくない変数名	正しくない理由
1ban	先頭に数字を使ってはいけません（1番目の条件を満たしません）。
abc?def	?を使ってはいけません（2番目の条件を満たしません）。
c gengo de puroguramu	空白を使ってはいけません（2番目の条件を満たしません）。
void	予約語の**void**を使ってはいけません（3番目の条件を満たしません）。
変数	ひらがな・カタカナ・漢字は使えません（1番目と2番目の条件を満たしません）。

Webアプリをチェック！

Webアプリの「練習」では、実際に変数名を入力して、それが正しいかどうか判定できます。本レッスンで学んだ変数の名前の付け方の規則（3つの条件）をしっかり理解しましょう。

8 変数宣言

変数を使う前に、使うことをコンピュータに教えなければなりません。すなわち、使うことをコンピュータに宣言します。このレッスンでは、変数を使う前に必要な宣言について説明します。説明が長くなりますが、約束事の説明が多くなっているだけですので、安心して学習を続けてください。

変数宣言

変数を使う前に、コンピュータに変数のための領域を用意させ、その領域に名前をつけさせる作業をします。その作業を変数宣言といいます。

変数を用意するといっても、どのような変数かをコンピュータに教えてやらなければいけません。どのような変数かを、種類を指定して明確にします。変数の種類を型と呼んでいます。

変数宣言を行う文は次のようになります。文末尾に;があることに注意してください。

```
型 変数名;
```

すなわち、型の後に半角空白、変数名、;を続けます。

すでにレッスン3「文を並べる」で学習したように、C言語はフリーフォーマットですので（65ページ）、型と変数名の間の半角空白や;の前後に半角空白がいくつあってもかまいません。

次のように変数名を,で区切って並べて、複数の変数を同時に宣言することもできます。

```
型 変数名1, 変数名2, 変数名3;
```

整数型変数の宣言

整数を記憶するための型を整数型といいます。

整数型として「int」があります。なお、このintは予約語ですので、太字で示しています。

変数名がa（この変数名は、98ページで説明した条件を満たしています）であり、整数として使いたいときは、次のようにします。

```
int a;
```

aとbを整数型として宣言したいときは、2つの文に分ける場合、次のようにします。

```
int a;
int b;
```

あるいは、次のようにまとめて1つの文に書くこともできます。

```
int a, b;
```

変数宣言とは

変数を宣言すると、変数に自由に値を記憶させることができます。これは、コンピュータがメモリ（記憶装置）の中に変数のための領域を確保してくれるからです。

例えば、`int x;`と宣言します（変数名のxは、98ページで説明した条件を満たしています）と、コンピュータのメモリ内には、xと名前がつけられた変数のための領域が確保されます。図に描きますと、下のようになります。

上図では、確保された領域を箱で表し、箱の左上にxの名前を付け、区別できるようにしています。その箱には整数の値（データ）が記憶できます。その値を箱の中に書くことにしましょう。値の記憶方法については、レッスン9「代入」（109ページ）で説明します。

他の整数型

整数型としてintを説明しましたが、次のような他の整数型があります。

型	説明
char	文字型。整数も表せます。
short	値の範囲が狭い整数型。int型以下の精度をもちます。
long	値の範囲が広い整数型。int型以上の精度をもちます。

Cシミュレータでは、short型、long型は使えません。

char型については、レッスン31「文字」の学習項目「文字型変数宣言等」(234ページ) で説明します。

例1

それでは、**整数型変数iを宣言する**プログラムを書いてみましょう。

プログラム

```
1   int main(void)
2   {
3     int i;
4     return 0;
5   }
```

3行目の int i; では、下図のような箱がコンピュータ内で用意されます。

コンピュータの中に用意する箱は空にはできず（メモリに空きという設定はできず、必ずある値が設定されています）、あ

る値が入っていますが、どのような値が入るかは、コンピュータにより違いますので、ここでは「？」として表示しています。

Webアプリのシミュレータを使ってみよう！

Webアプリの「実演1」では、「例1」（前ページ）のプログラムを実行し、処理の様子と実行結果を確認できます。
Cシミュレータでは、下図のように、変数宣言をすると「内部」に変数のための箱が表示され、箱の左上には変数名が表示されます。

なお、変数宣言しただけでは、どんな値が箱に入っているかわかりませんので、上図のように「？」と表示しています。

例2

複数の変数を宣言します。

プログラム

```
1   int main(void)
2   {
3       int i;
```

```
4      int j;
5      return 0;
6    }
```

3行目と**4行目**でiとjをint型で宣言します。
この2行をまとめて、
int i,j;
とすることもできます。

> **Webアプリのシミュレータを使ってみよう！**

Webアプリの3つの実演（「実演2-0」～「実演2-2」）では、「例2」（前ページ～）のプログラムの動作確認や、それ以外の例を用いて動作確認を行えます。

実数型変数の宣言

実数を記憶するための型を実数型あるいは浮動小数点型といいます。実数型には「float」と「double」があります。なお、このfloatとdoubleは予約語ですので、ここでは太字で示します。

floatは単精度浮動小数点型と呼ばれ、doubleは倍精度浮動小数点型と呼ばれています。doubleの方が有効な桁数が多く、高い精度で数を表現できます。例えば、Cシミュレータの場合では、次ページの表のように違いをまとめることができます。

float

表現できる最大数	$3.402823466 \times 10^{38}$
表現できる正の最小数	$1.175494351 \times 10^{-38}$
精度(桁)	6

double

表現できる最大数	$1.7976931348623158 \times 10^{308}$
表現できる正の最小数	$2.2250738585072014 \times 10^{-308}$
精度(桁)	15

注意:表現できる最大・最小数の桁が、精度の桁数より多くなっていますが、矛盾していません。コンピュータ内部では数は2進数表現されているためですが、理由については本書の範囲外ですので、詳細は省略します。

 変数名がa(この変数名は、98ページで説明した条件を満たしています)であり、**float**として使いたいときは、

　　float a;

となります。aとbを**double**として宣言したいときは、

　　double a;
　　double b;

とするか、あるいは、

　　double a, b;

とします。

他の実数型

次のような他の実数型があります。

型	説明
long double	拡張倍精度浮動小数点型。double型以上の高い精度をもっています。

Cシミュレータでは、**long double**型は使えません。

例3

複数の実数型変数を宣言します。

プログラム

```
1   int main(void)
2   {
3       float i;
4       double j;
5       return 0;
6   }
```

3行目でiをfloat型で、4行目でjをdouble型で宣言しています。

Webアプリのシミュレータを使ってみよう！

Webアプリの「実演3-0」では、「例3」のプログラムの動作確認を行えます。また、「実演3-1」では、「例3」でさらに変数kをfloatで宣言したプログラムの動作確認を行えます。
「練習」では、3つの整数型の変数を宣言するプログラムを書く練習を行えます。

9 代入

前のレッスンまでで、変数の宣言はできるようになったはずです。このレッスンでは、宣言済みの変数に値を入れる(記憶させる、代入する)ことを説明します。

代入

変数に値を設定する(記憶させる)ことを「代入する」といいます。次のように、代入する文は、変数名、「=」、値、「;」の順に書きます。

> 変数名=値;

「=」や「;」の前後に半角空白を入れてもかまいません。「=」の左を左辺、右を右辺と呼びます。ここでは、左辺を変数に、右辺を値にしています。

通常、変数の型と値の型は同じにします。変数を整数型(int)で宣言するときは、値は整数にします。例えば、x=10;とすると、xの変数は10(10は整数です)という値と同じになります。

変数が整数型で宣言され、さらに値が実数のときは、値の小数部が除かれて整数部だけが変数に代入されます。例えば、**int** x; x=-12.5;のときは、変数xは整数型で値は

実数ですので、値-12.5の整数部-12がxに代入されます。

変数に記憶させた値は変えることができます。そのため、

x=1;

x=10;

のようなプログラムを書くことができます。x=1;でxに1が記憶されますが、x=10;でxに10が記憶し直されます。

代入を行う文を代入文といいます。すべての変数宣言をしてから、代入文を書きます。

参照

変数に設定（記憶）されている値を見る（参照する）には、次のように変数名を用います。

変数名

例えば、整数型変数aに10が記憶されているとき、10の代わりにaを使って、

printf("%d¥n", 2*a);

のように計算をして結果を表示することができます。

型変換

左辺の型と右辺の型が違う場合は、次の表のように、右辺の型を左辺の型に合うように、右辺の値が変換され、代入されます。このような変換を型変換といいます。

レッスン9 代入

左辺	右辺	「左辺=右辺」としたときの変換方法
整数	実数	実数の小数部を除いて、整数部だけを代入します。例えば、 **int** x; x = 2.5; のときは、xに2が代入されます。
実数	整数	小数部として、0.0000（小数点以下の桁数は、整数部を含めた桁数や実数の型に依存します）が追加されて、代入されます。例えば、Cシミュレータで、 **float** y; y = 11; のときは、yに11.0000が代入されます。
実数 (float)	実数 (double)	doubleはfloatよりも精度が高いのですが、floatと同じ精度に変換して（精度を低くして）、値を代入します。例えば、Cシミュレータで、 **float** z; z = 1.0(0が41個続く)1; としても、zの精度は低いので、zには1が代入されます。
実数 (double)	実数 (float)	見かけ上精度をdouble型と同じだけ高くして、値を代入します。

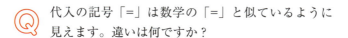

代入の記号「=」は数学の「=」と似ているように見えます。違いは何ですか？

数学の「=」は「等しい」ということですが、C言語の「=」は「代入」ということで、意味が違います。C言語の「=」は「等しい」という意味をもっていないのです。

数学で「x=x+1」（xがx+1に等しい）を解こうとすると、0=1になってしまい、正しくありません。

一方、C言語での「x=x+1;」（x+1をxに代入）は、x=5

であっても正しい文です。このx=x+1の意味は、まず、x+1を計算し（xが5ですから、1を加えて6）、その計算値をxに設定するということです。すなわち、xの箱には6が入ります。この計算についての詳細は、レッスン10「変数と計算」（120ページ）で説明します。

等しい意味を持たせるためには、「==」というふうに「=」を2つ並べます。これはレッスン16「関係演算と論理演算」（143ページ）で学習します。

まだ理解できない人でも、徐々に理解できるはずです。とにかく、C言語での「=」は数学の「=」とは違うんだ、ということを頭に入れてください。

例1

それでは、**変数iを宣言して、100を代入し表示する**プログラムを書いてみましょう。

プログラム

```c
#include <stdio.h>
int main(void)
{
    int i;
    i=100;
    printf("%d\n",i);
    return 0;
}
```

レッスン9 代入

4行目の`int i;`では、下図のような箱がコンピュータ内に用意されます。

4行目の段階では、まだ値が設定されていませんので、箱の中は「？」になっています。

5行目の`i=100;`でiの箱に100を入れていますので、下図のようになります。

6行目で、iに記憶されている値を表示します。100が表示されます。

流れ図1

代入のような処理をするときは、下表に示すような、処理の図記号を用います。

流れ図の記号（規格番号：JIS X 0121）

図	名前	意味
	処理	任意の種類の処理機能を表します。図記号の中に処理内容を書きます。

代入を使ったプログラム例の流れ図は次のようになります。プログラムとの対応がとりやすいように、処理の図記号を■で塗りつぶしています。なお、変数宣言に関する図

記号はありませんので、変数宣言は流れ図に書きません。

プログラムの処理手順の図式化

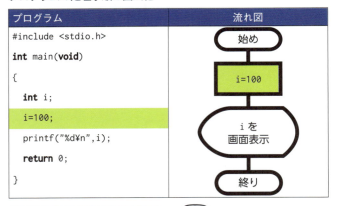

Webアプリの「実演1」では、「例1」(112ページ)のプログラムを実行し、処理の様子と実行結果を確認できます。

Cシミュレータでは、変数宣言をすると「内部」に変数のための箱が表示され、変数に値を代入すると、下図のように、箱の中にその値が表示されます。

なお、上図はint i;と変数宣言し、i=100;と代入した場合です。

例2

複数の変数を宣言します。複数の代入文を並べたときは、最初の文から順番に処理されます。

プログラム

```
1   #include <stdio.h>
2   int main(void)
3   {
4       int i;
5       int j;
6       i=10;
7       j=-99;
8       printf("%d %d¥n", i, j);
9       return 0;
10  }
```

4行目と**5行目**でiとjを宣言しています。これをまとめて、

int i, j;

とすることもできます。

6行目でiに10が代入されます。

7行目でjに-99が代入されます。

8行目でiとjの値が表示されます。

すべての変数宣言をしてから、代入文を書かなければなりませんので、i=10;を**4行目**のすぐ後に書くことはできません。

流れ図2

複数の代入文を並べたとき、最初の代入文から順番に処理されます。下の流れ図を見れば、このことが明確にわかります。プログラムとの対応がとりやすいように、処理の図記号を■や■で塗りつぶしています。

プログラムの処理手順の図式化

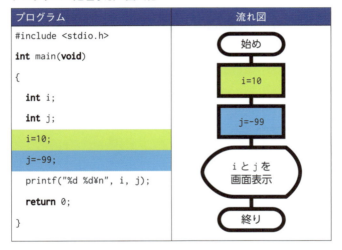

Webアプリのシミュレータを使ってみよう!

Webアプリの「実演2-0」では、「例2」のプログラム（前ページ）の動作確認を行えます。「実演2-1」と「実演2-2」では、「例2」を少し変更したプログラムの動作確認を行えます。

初期化

変数宣言時に、変数に値を設定することができます。このことを初期化と呼びます。初期化をするときは、下のように、型、変数、「=」、値、「;」の順に書きます。

型 変数=値;

「=」や「;」の前後に半角空白を入れてもかまいません。

同じ型の2つの変数を初期化するときは、上の形式を2つ並べてもいいですし、次のようにしてもいいです。

型 変数1=値1, 変数2=値2;

例3

複数の変数を初期化します。

プログラム

```
1  #include <stdio.h>
2  int main(void)
3  {
4      int i=10;
5      int j=-99;
6      printf("%d %d¥n", i, j);
7      return 0;
8  }
```

4行目と5行目でiとjを初期化しています。これらをまとめて、次のようにすることもできます。

`int i=10, j=-99;`

6行目でiとjの値を表示します。

Webアプリのシミュレータを使ってみよう!

Webアプリの「実演3-0」では、「例3」のプログラム(前ページ)の動作確認を行えます。また、「実演3-1」では、intの部分を1行にまとめたプログラムの動作確認を行えます。

例4

左辺と右辺の型が異なるときをしらべてみましょう。

プログラム

```
1   #include <stdio.h>
2   int main(void)
3   {
4       int i;
5       float x;
6       i=-10.5;
7       x=100;
8       printf("%d %f¥n", i, x);
9       return 0;
10  }
```

6行目の左辺は整数（int）型の変数、右辺は実数型ですので、右辺の小数部が省かれて、-10が左辺に代入されます。

7行目の左辺は実数（float）型の変数、右辺は整数ですので、右辺の整数に小数部を付け加えて、実数にしてから、左辺に代入されます。

8行目でiとxに記憶されている値を表示します。

流れ図3

下のように、複数の代入文を1つの図記号の中にまとめて書くこともできます。なお、プログラムとの対応がしやすいように、処理の図記号を■で塗りつぶしています。

プログラムの処理手順の図式化

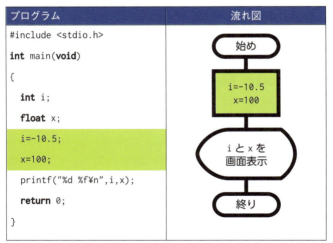

> **Webアプリのシミュレータを使ってみよう！**

Webアプリの「実演4」では、代入文における左辺と右辺の型が異なる場合の動作確認を行えます。

10 変数と計算

このレッスンでは、変数を使った計算について学習します。いよいよコンピュータプログラムらしくなってきます。

計算

レッスン4の「簡単な計算」で学習したように、加算には「+」、減算には「−」、乗算には「*」、除算には「/」、剰余には「%」の記号を使います。計算値を変数に記憶させるには、レッスン9の「代入」で学習した（109ページ）「=」を用います。例えば、10+100を計算し、変数xに代入するときは、次のようにします。

x=10+100;

右辺に変数を使うこともできます。例えば、3つの変数a、b、cがあり、それらに記憶されている値の合計を変数

totalに代入したければ、次のようにします。

　total=a+b+c;

x=x+y;のように、**右辺にある変数を左辺に使うこともできます**。この場合、右辺のx+yが計算され、その計算値がxに代入されます。すなわち、xの値がyだけ増えることになります。

100から変数sとtの値を引き、変数uの値を加え、変数tensuuに代入するときは、次のようにします。

　tensuu=100-s-t+u;

「+」、「-」の記号の前後に空白をいれてもかまいませんので、次も正しいプログラムです。

　tensuu= 100　- s - t + u;

例1

簡単な計算をし、その結果を表示します。

プログラム

```
1  #include <stdio.h>
2  int main(void)
3  {
4      int x=100, y=10;
5      x=x+1;
6      x=x+y;
7      printf("%d %d\n", x, y);
8      return 0;
9  }
```

4行目でxとyを宣言して、それぞれ100と10に初期化しています。

5行目では、まず右辺が計算されます。xには100の値が記憶されていますので、100+1が計算され、101になります。その101がxに代入され、xの値が1つ増えます。

C言語では=は等式を表すのではなく、代入（値の設定）を表すことに注意してください。**6行目**では、x+yが計算されて、101+10=111がxに代入されます。

流れ図1

変数を使った計算プログラムの流れ図は下のようになります。変数宣言の初期化は処理の図記号を使って表します。

プログラムの処理手順の図式化

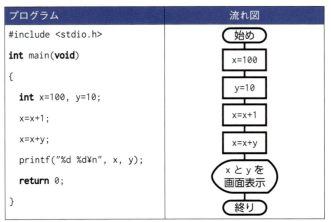

レッスン10 変数と計算

Webアプリのシミュレータを使ってみよう!

Webアプリの「実演1-0」では、「例1」のプログラム（121ページ）の動作確認を行えます。また、「実演1-1」では、「例1」の5〜6行目を変更したプログラムの動作確認を行えます。

例2

変数を宣言して、計算するプログラムを書いてみましょう。

プログラム

```
1   #include <stdio.h>
2   int main(void)
3   {
4       int s,t,u,tensuu;
5       s=20;
6       t=3;
7       u=15;
8       tensuu=100-s-t+u;
9       printf("%d¥n", tensuu);
10      return 0;
11  }
```

4行目では、4つの変数が宣言されます。

5行目、**6行目**、**7行目**で、s、t、uの変数にそれぞれ20、3、15が代入されます。**8行目**で、100-s-t+uが計算されて、その計算結果がtensuuに代入されます。

流れ図 2

変数を使った計算プログラムの流れ図は以下のようになります。

プログラムの処理手順の図式化

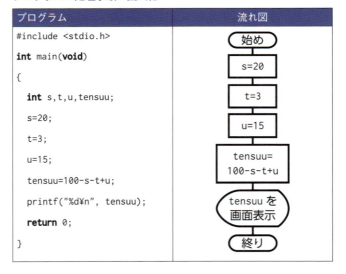

プログラム	流れ図
| ```c
#include <stdio.h>
int main(void)
{
  int s,t,u,tensuu;
  s=20;
  t=3;
  u=15;
  tensuu=100-s-t+u;
  printf("%d¥n", tensuu);
  return 0;
}
``` | (始め)→ s=20 → t=3 → u=15 → tensuu=100-s-t+u → tensuuを画面表示 →(終り) |

Webアプリのシミュレータを使ってみよう!

Webアプリの「実演2」では、「例2」のプログラム（前ページ）の動作確認を行えます。

「練習」では、課題に示す計算結果を表示するプログラムを書く練習を行えます。
```

11 増分・減分

変数の値を1つ増やしたり（増分したり）、1つ減らしたり（減分したり）する処理はよく行われますので、特別の書き方が用意されています。このレッスンでは、増分、減分について学習します。

増分

x=x+1;では、右辺のx+1を計算し、その結果を左辺の変数xに代入します。すなわち、xに記憶されている値に1を加え、その結果をxに代入しますので、xの値が1つ増えます。値を1つ増やす処理はよく行われ、増分あるいはインクリメントといいます。

C言語では、増分のための特別な書き方が用意されています。次のように、「+」を2つ並べます。1つ目の「+」と2つ目の「+」の間に空白を入れてはいけません。

変数名++

あるいは

++変数名

++は演算子の1種ですので、上は式になります。式の後

に;を付ければ、文になり、その式を計算してくれます。

例えば、変数xに5が記憶されている場合、x++;も++x;も（最後に「;」を付けていることに注意。文にしています）処理後、xの値を6にします。

2つの書き方があるのは、次のように、変数の値の使われる順番が違うからです。

- 「変数名++」では、まず変数の値が使われてから、値が1つ増やされます。
- 「++変数名」では、値が1つ増やされてから、変数の値が使われます。

例えば、変数xに5が記憶されている場合、y=x++;あるいはz=++x;の処理を説明しましょう。C言語の約束により「++」は「=」よりも先に評価されますので、括弧を書いて明確にしますと、y=(x++);、z=(++x);と同じです。

x++の場合は、まず変数の値が使われますので、右辺の値は5になり、その後xが1つ増えて6になります。右辺の値5がyに代入されますので、yは5になります。一方、++xの場合は、まずxの値が1つ増えますので、値が6になり、その後変数の値が使われますので、右辺の値が6になります。その右辺の値6がzに代入されますので、zは6になります。

増分を使った代入は、次のように書き換えることができます。

- i=j++;　→　i=j; j=j+1;
- i=++j;　→　j=j+1; i=j;

レッスン11 増分・減分

減分

x=x-1;のように、xの値を1つ減らす処理もよく行われ、減分あるいはデクリメントといいます。次のように、「-」を2つ並べる書き方が用意されています。

変数名--

あるいは

--変数名

これらの書き方では、増分と同様に、次のように変数の値の使われる順番が違います。
- 「変数名--」では、まず変数の値が使われてから、値が1つ減らされます。
- 「--変数名」では、値が1つ減らされてから、変数の値が使われます。

例1

増分と減分の動作を確認するプログラムです。

プログラム
```
1    int main(void)
2    {
3        int x=10,y;
4        y=x++;
5        y=++x;
```

```
6      y=x--;
7      y=--x;
8      return 0;
9    }
```

3行目でxとyが宣言され、xが10に初期化されます。

4行目では、xの値が使われてからxの値が増やされます。すなわち、xの値10が右辺の値になり、その後、xの値が1つ増やされ、11になります。右辺の値10がyに代入されます。

5行目では、xの値が増やされてから、xの値が使われます、xの値を1つ増やして12にしてから、yにその12が代入されます。

6行目では、xの値が使われてからxの値が減らされます。すなわち、yの値は12になり、xの値は11になります。

7行目では、xの値が減らされてからxの値が使われます。すなわち、yの値は10になり、xの値は10になります。

Webアプリのシミュレータを使ってみよう！

Webアプリの「実演1」では、「例1」のプログラム（前ページ〜）の動作確認を行えます。

優先順位

Webアプリをチェック!

この項目は発展的な内容ですので、書籍では割愛します。興味のある方は、付録Webアプリをご覧ください。

例2

増分、減分を用いた少し複雑な式を計算してみましょう。

プログラム

```
1    #include <stdio.h>
2    int main(void)
3    {
4        int x=10, y=12,z;
5        z=x++ + y++;
6        printf("%d %d %d¥n", x--, --y, z--);
7        return 0;
8    }
```

4行目でx、y、zを宣言して、xを10に、yを12に初期化しています。

5行目では、増分(++)の方が加算(+)よりも先に計算されます。xとyの値が使われてからxとyの値が増やされます。xの値10とyの値12が加算に使われ、右辺の値が22(10+12)になり、その後、xとyの値が1つ増やされ、

11と13になります。右辺の値22がzに代入されます。

6行目では、xを減らす前の値、yを減らしてからの値、zを減らす前の値を表示します。

Webアプリの「実演2」では、「例2」のプログラム（前ページ）の動作確認を行えます。また、「練習」では、課題に示す増分、減分を行うプログラムを書く練習を行えます。

12 複合代入

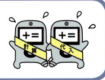

計算と代入を同時に行う複合代入があります。このレッスンでは、複合代入について学習します。

複合代入

x=x+10;はxの値を10増やします。この文には、左辺と右辺に変数xが入っています。C言語では、この文の代わりに次のように書くことができます。

レッスン12 複合代入

```
x+=10;
```
すなわち、
　　変数名 = 変数名 + 式;
は次のようにも書けます。

> 変数名 += 式;

「+」と「=」の間には空白を入れてはいけません。+=のような計算と代入を行う演算子を**複合代入演算子**といいます。

　同様に、-=、*=、/=、%=も使えます。「+」、「-」、「*」、「/」、「%」を演算子として表しますと、次のようになります。

> 変数名　演算子= 式;

は、

> 変数名 = 変数名 演算子 式;

を意味します。

　x-=5とx=-5とは異なり、紛らわしいので注意しましょう。前者のx-=5はx=x-5を意味しますので、xの値を5つ減らします。後者のx=-5はxに-5を代入します。

例1

複合代入を用いたプログラムを書いてみましょう。

プログラム

```c
1    int main(void)
2    {
3        int x=10, y=12;
4        y+=x;
5        y-=2;
6        y*=5;
7        y/=x;
8        y%=3;
9        return 0;
10   }
```

3行目でxとyを宣言して、それぞれ10と12に初期化しています。

4行目では、y+xが計算され、その計算結果がyに代入されます。計算処理はy+x → 12+10 → 22ですので、22がyに代入されます。

5行目では、y-2（→ 22-2 → 20）が計算され、その計算結果20がyに代入されます。

6行目では、y*5（→ 20*5 → 100）が計算され、その計算結果100がyに代入されます。

7行目では、y/x（→ 100/10 → 10）が計算され、その計算結果10がyに代入されます。

8行目では、y%3（→ 10%3 → 1）が計算され、その計算結果1がyに代入されます。

レッスン12 複合代入／レッスン13 入力

Webアプリのシミュレータを使ってみよう！

Webアプリの「実演1」では、「例1」のプログラム（前ページ）の動作確認を行えます。
また、「練習」では、複合代入を用いて、増分、減分を行うプログラムを書く練習を行えます。

13 入力

　今までは代入文を使って変数に値を与えていましたが、このレッスンでは、キーボードから変数に値を入れてみましょう。値をコンピュータに与えることを入力といいます。

入力

　キーボードから変数に値を与えるには、次の命令（scanf関数）を使います。

```
scanf(書式, 変数の並び)
```

　例えば、xとyの整数型変数に値を入力するときは、
scanf("%d %d", &x, &y)

と書きます。

「書式」では、printfと同様に、変数の型を指定します。"%d"とすれば、1つの整数値の入力になります。"%d %d"とすると、2つの整数の入力になります。

「変数の並び」には、変数を,で区切って並べます。注意したいのは、変数の前に&をつけることです。この&の意味については、レッスン38の「ポインタ」(282ページ)で説明します。

printfと同様に、scanfを利用するときは前処理部に
#include <stdio.h>
を追加します。 すでにこの前処理部があれば、再度追加する必要はありません。

用例

2つの例を示します。変数の前に&の記号をつけていることに注意してください。

プログラム	説明
`int x;` `scanf("%d", &x);`	xに整数の値を入力します。キーボードから入力するときは、値を入力しEnterキーを押します。
`int x, y;` `scanf("%d %d", &x, &y);`	xとyに整数の値を入力します。キーボードから入力するときは、2つの値を空白で区切って入力しEnterキーを押すか、あるいは、1つずつ値を入力しEnterキーを押します。

レッスン13 入力

例1

変数に値を入力するプログラムを書いてみましょう。

プログラム

```
1   #include <stdio.h>
2   int main(void)
3   {
4       int x, y;
5       scanf("%d %d", &x, &y);
6       printf("%d %d¥n", x, y);
7       return 0;
8   }
```

scanfとprintfを使うとき、**1行目**のように前処理部に#include <stdio.h>を追加します。

4行目で、xとyを宣言します。

5行目で、xとyに値を入力します。

6行目で、xとyの値を表示します。

流れ図

入力のような処理をするときは、下表の手操作入力の図記号を用います。

流れ図の記号(規格番号：JIS X 0121)

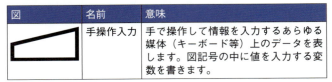

図	名前	意味
	手操作入力	手で操作して情報を入力するあらゆる媒体（キーボード等）上のデータを表します。図記号の中に値を入力する変数を書きます。

scanfを使ったプログラム例の流れ図は次のようになります。プログラムとの対応がとりやすいように、手操作入力の図記号を■で塗りつぶしています。

プログラムの処理手順の図式化

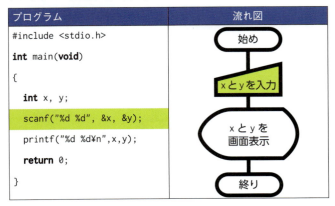

プログラム	流れ図
| ```c
#include <stdio.h>
int main(void)
{
  int x, y;
  scanf("%d %d", &x, &y);
  printf("%d %d¥n",x,y);
  return 0;
}
``` | 始め → xとyを入力 → xとyを画面表示 → 終り |
```

レッスン13 入力

Webアプリのシミュレータを使ってみよう！

Webアプリの「実演1」では、「例1」（135ページ）のプログラムの動作確認を行えます。

実数の入力

実数を入力するときは、次のように書式を指定します。

書式	変数の型	例
%f	**float**	**float** a; scanf("%f", &a);
%lf	**double**	**double** b; scanf("%lf", &b);

printfで表示するときの書式は、float型でもdouble型でも%fでしたが、上の表のようにscanfでは異なりますので、注意が必要です。より正確に書きますと、printfでは、%fの書式はdouble型用で、float型はdouble型に自動的に変換されて、%fの書式で表示されます。

例2

float型の値とdouble型の値を入力し、表示するプログラムを書いてみましょう。

プログラム

```
1    #include <stdio.h>
2    int main(void)
3    {
4        float x;
5        double y;
6        scanf("%f %lf", &x, &y);
7        printf("%f %f¥n", x, y);
8        return 0;
9    }
```

scanfとprintfを使うとき、**1行目**のように前処理部に#include <stdio.h>を追加します。

4行目でfloat型変数xを宣言します。

5行目でdouble型変数yを宣言します。

6行目で、xとyに値を入力します。

7行目で、xとyの値を表示します。

Webアプリのシミュレータを使ってみよう！

Webアプリの「実演2」では、「例2」のプログラムの動作確認を行えます。

また、「練習」では、整数型変数を用いる計算を行うプログラムを書く練習を行えます。

14 注釈

　みなさんは、徐々に複雑で行数の多いプログラムが書けるようになってきたことでしょう。複雑なプログラムを書いていくときに留意する点があります。

　プログラム作成後だいぶ時間が経過してから、プログラムを見直したり、修正したり、プログラムに機能を追加したりすることがよくあります。しかし、作成してから時間が経てば経つほど、内容を忘れてしまって、修正が大変になる場合があります。特に、複雑で行数の多いプログラムでは、自分が作ったはずなのに、どのように考えて作成したのか思い出せない場合もあります。

　作成者以外の人がプログラムを修正する場合もあります。他人のプログラムはなかなか理解できず、作業が進みません。

　プログラム内容の説明を用意しておけば、上記のことはある程度解決できます。説明文はプログラムと別に用意してもいいのですが、説明文とプログラムを別々に管理する必要があり、面倒です。説明文をプログラムの中に入れることができれば、便利です。

　プログラムの中に入れる説明のことを注釈、あるいは、コメントといいます。

　このレッスンでは、注釈の入れ方について説明します。

注釈

●注釈の書き方

　プログラムの説明や注意事項などの注釈を書きたいときは、次のように、注釈を「/*」と「*/」で挟みます。

```
/* 注釈 */
```

「/」と「*」の間には空白を入れてはいけません。
「/*」と「*/」の間にある注釈はコンピュータの処理に影響を与えません。

　例えば、プログラム中に
/* i = j + k;　*/
と書いても、i =j + k;は無視され、処理されません。

●正しい注釈の例

```
/* プログラム */
```

```
/********************/
```

```
/* /* /*      */
```

　最後の例のように、注釈の中に「/*」があってもかまいません。

●間違った注釈の例

レッスン14 注釈

間違った注釈	間違っている理由
/ 間違い /	「*/」と「/*」の使い方が逆です。「*/」は注釈の最後に、「/*」は注釈の最初に使います。
/ * 間違い */	「/」と「*」の間に空白があります。
/* 間違い	「*/」がありません。
/* 間 /* 違 */ い*/	「/*」に対応するのは「*/」です。「*/」に対応する「/*」がありません。「/*」は「/*」と「*/」の間にあり、注釈の一部になっていますので、「*/」と対応しません。

例1

注釈文を入れたプログラムを書いてみましょう。

プログラム

```
1   /*値を入力・表示*/
2   #include <stdio.h>
3   int main(void)
4   {
5       int x=10, y=20; /*変数宣言と初期化*/
6       /* 表示 */
7       printf("%d %d¥n", x, y);
8       return 0;
9   }
```

1行目、5行目、および**6行目**に注釈を追加しています。

Webアプリのシミュレータを使ってみよう!

Webアプリの「実演1」では、「例1」のプログラム（前ページ）の動作確認を行えます。また、「練習」では、プログラム内に注釈を書く練習を行えます。

15 実践練習：計算

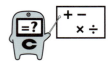

　いままでの学習で、電卓以上の機能をもつプログラムを作成できるようになりました。電卓では、数字を入れながら計算させます。計算手順を知らなければなりませんし、間違えずにその手順に沿って操作する必要があります。

　一方、計算手順を一度プログラムに書いてしまえば、プログラムでは、数字を入れるだけで計算結果を得ることができます。何度も行う計算は効率的に行えますし、間違いも少なくなります。

　このレッスンでは、実践的な計算プログラムを書く練習をします。

レッスン15　実践練習：計算／レッスン16　関係演算と論理演算

Webアプリのシミュレータを使ってみよう！

Webアプリでは、「練習1」「練習2」「練習3」で、整数を使った計算のプログラムを書く練習を行えます。
「練習1」では、2つの整数を入力した際の商と余りを表示するプログラムを書く練習を行えます。
「練習2」では、3つの整数を入力した際の合計を表示するプログラムを書く練習を行えます。
「練習3」では、平成年を西暦年に直すプログラムを書く練習を行えます。

16 関係演算と論理演算

　コンピュータは加減乗除の計算をするだけではなく、大きさの比較などもできます。このレッスンでは、数の大きさを比較したり、その比較結果を組み合わせたりします。

関係演算

　C言語では、値の比較をする場合、次ページの表のような記号を用います。このような記号を関係演算子といいま

関係	記号	例	例の説明
等しい	==	a==b a==10	aの値とbの値が等しいかどうか aの値が10に等しいかどうか
等しくない	!=	s!=100	sの値が100に等しくないかどうか
大きい	>	x>y	xの値がyの値より大きいかどうか
以上 (大きいか等しい)	>=	u>=v	uの値がvの値以上かどうか
以下 (小さいか等しい)	<=	a<=0	aの値が0以下であるかどうか
小さい	<	c<0	cの値が0より小さいかどうか

す。

「等しい」・「等しくない」・「以上」・「以下」の関係は、数学では「=」・「≠」・「≧」・「≦」を使いますが、C言語では「==」・「!=」・「>=」・「<=」を使いますので、注意してください。特に、C言語では「等しい」関係は=を2つ並べて==とすることに注意してください。==、!=、>=、<=では、間に空白を置かず、2つ並べてください。

関係の結果は整数の値で返されます。関係が正しいときは1、関係が正しくないときは0を返します。

例えば、10==100では、10と100は等しくないので、関係が正しくなく、0を返します。そのため、y=(10==100)とすると、y=0となり、yに0が代入されます。一方、y=(10!=100)とすれば、関係は正しいので、yには1が代入されます。なお、上の表で挙げた関係は代入よりも優先して処理されますので、y=10==100のように括弧を省略できます。

レッスン16　関係演算と論理演算

例1

関係演算子の動作を確認するプログラムを書いてみましょう。

プログラム

```
1   #include <stdio.h>
2   int main(void)
3   {
4       int x=1,y=2;
5       printf("%d\n", x==y);
6       printf("%d\n", x!=y);
7       printf("%d\n", x>y);
8       printf("%d\n", x<=y);
9       return 0;
10  }
```

4行目では、xを1、yを2に初期化しています。**5行目**で、x==yの関係を調べていますが、xとyは等しくなく、関係が正しくないので、0となり、その0が表示されます。

6行目では、x!=y（xとyは等しくないか）の関係は正しいので、1となり、1を表示します。**7行目**ではx>yの関係は正しくないので0が表示されます。**8行目**ではx<=yの関係は正しいので1を表示します。

> **Webアプリのシミュレータを使ってみよう!**

Webアプリの「実演1」では、「例1」のプログラム(前ページ)の動作確認を行えます。

論理演算

関係演算子を使って求めた関係を組み合わせて、さらに複雑な関係を調べることができます。以下の表のような計算を論理演算と呼びます。&&、||、!の記号を論理演算子と呼びます。&&や||では、間に空白を入れずに2つ並べてください。

日本語の論理演算名よりもAND、OR、NOTという英語名の方が理解しやすいかもしれません。

論理演算の結果を整数の値で返します。結果が正しいと

論理演算名	説明	記号	例	例の説明
論理積(AND)	「かつ」どの関係も正しいかどうか	&&	(0<a) && (a<10)	aの値が0より大きく、かつ、aの値が10より小さいかどうか
論理和(OR)	「または」関係のいずれかが正しいかどうか	||	(x==0) || (y==0)	xの値が0であるか、またはyの値が0であるかどうか
否定(NOT)	「でない」関係が正しくないかどうか	!	!(x==0)	xの値が0でないかどうか

きは1、正しくないときは0を返します。例えば、aの値が5のとき、(0<a)&&(a<10) は、0<aとa<10の両方の関係が正しいため、全体が正しくなり、1を返します。

例では、(0<a)&&(a<10)のように、括弧を使っていますが、&&や||よりも<の方が先に処理されますので、括弧を省いて、0<a&&a<10とも書けます。しかし、見にくくなるので、前ページの表では、括弧を使っています。!は&&や||よりも先に処理されますので、!x&&yと!(x&&y)は意味が異なります。!x&&yは(!x)&&yを意味します。

詳細

Webアプリをチェック！

この項目は発展的な内容ですので、書籍では割愛します。興味のある方は、付録Webアプリをご覧ください。

例2

論理演算を行うプログラムを書いてみましょう。

プログラム

```
1   #include <stdio.h>
2   int main(void)
3   {
4       int x=1,y=2,z=3;
5       printf("%d¥n", x<y&&y<z);
```

```
6      printf("%d\n", x<y||z<y);
7      printf("%d\n",!(x>y));
8      return 0;
9   }
```

4行目でx、y、zを宣言し、それぞれ1、2、3に初期化します。

5行目で、x<y&&y<zは(x<y)&&(y<z)を意味します。x<yは正しいので1、y<zも正しいので1になります。1&&1は1ですので、その結果の1が表示されます。

6行目で、x<y||z<yは(x<y)||(z<y)を意味します。x<yは正しいので1、z<yは正しくないので0になります。1||0は1ですので、その結果の1が表示されます。

7行目では、x>yは正しくないので0、!0は1ですので、その結果の1が表示されます。

Webアプリのシミュレータを使ってみよう!

Webアプリの「実演2-0」では、「例2」のプログラム(前ページ〜)の動作確認を行えます。「実演2-1」では、「例2」より少し複雑なプログラムで動作確認を行えます。

レッスン16　関係演算と論理演算／レッスン17　判断をする

優先順位

Webアプリをチェック！

この項目は発展的な内容ですので、書籍では割愛します。興味のある方は、付録Webアプリをご覧ください。

Webアプリのシミュレータを使ってみよう！

Webアプリの「練習」では、論理演算子を使ったプログラムを書く練習を行えます。

17 判断をする

　今までのプログラムでは、上から順番に実行されてきました。順番を変える方法をこのレッスンから学んでいきます。

「10万円貯金できたら、海外旅行しよう」のように、私たちは「何々だったら、何々をしよう」という行動をしばしばとります。すなわち、ある条件を考えて、その条件が満たされたら何々をする、満たされなかったら何々をす

る、というように、いろいろ判断しながら、生活しています。コンピュータも判断ができます。その方法について説明します。

判断文

判断をさせる命令は**if**文です。次のように書きます。

```
if（式）
    文
```

「式」の値が0以外のとき「文」が処理され、「式」の値が0のときは「文」は処理されません。

「式」は( )で囲むことに注意してください。ifは予約語（キーワード）ですので、太字で表しています。

例えば、変数aの値が0でないとき、aに1を代入するには、次のようにします。

```
if（a）
    a=1;
```

ifや式の前後に空白をいくつ入れてもかまいません。上の例では見やすくするために、a=1を次の行に書いて、さらに行頭に空白を入れています。右にずらすことを字下げあるいはインデントといいます。こうすることによって、a=1がif文の一部であることが明確になります。次のように1行に書くこともできます。

```
if（a） a=1;
```

レッスン16の「関係演算と論理演算」（143ページ）で学

んだ関係演算や論理演算では、関係や条件を満たすと値が1になり、関係を満たさないと値が0になりますので、関係演算や論理演算はifの式に便利に使えます。

例えば、変数aの値が0（零）より大きい場合だけbに10を代入したいときは、次のようにします。

if (a>0)
  b=10;

上の例では、ifの式はa>0で、式の値が0以外のときに処理される文はb=10です。aが0より大きいとき、a>0は1になりますので、b=10が処理されます。aが0より大きくないとき、a>0は0ですので、b=10は処理されません。

このように、式の値が0以外となるのは、式の関係が正しい場合ですので、次のように、式を条件と読み替えると理解しやすいでしょう。

if (条件)
  文

「条件」を満たすとき「文」が処理され、「条件」を満たさないとき「文」は処理されません。

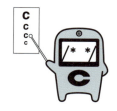

図解1

Webアプリをチェック!

Webアプリの「図解1」にある動く図で、条件を満たすとき（条件の値が0以外のとき）と満たさないとき（条件の値が0のとき）の処理順序の違いを比較してみましょう。

流れ図1

下表に判断の図記号を示します。

流れ図の記号（規格番号：JIS X 0121）

図	名前	意味
◇	判断	図記号の中に条件を書き、その条件が満たされるか満たされないかの場合に分けて、次の図記号と結びます。

　if文の流れ図を次ページに示します。プログラムとの対応がとりやすいように、図記号を3色で塗りつぶしています。判断の図記号に入る線は1つ、出る線は2つです。出る線が2つあるのは、条件を満たす場合（式の値が0以外；真）と満たさない場合（式の値が0；偽）で、次の処理が変わるためです。

レッスン17 判断をする

ifの処理手順の図式化

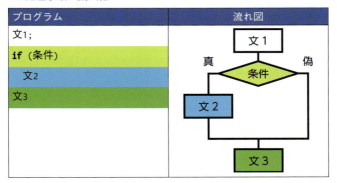

```
if(a>0)
    b=10;
```
のプログラムで`if (a>0)`の後の行末に「;」がないのはなぜですか。

次のif文
if (条件)
　　文
において、if文の処理単位は「文」までです。「;」は文の終了を示しますので、「文」の末尾に「;」をつけ、文の途中である(条件)の後には「;」をつけません。

用例

if文の例をいくつか挙げましょう。

153

if文の例	`if (a) a=0;`
説明	aが0でなければ、aに0を代入します。

if文の例	`if (!a) a=1;`
説明	aが0のとき!aは1になりますので、このif文では、aが0のときaに1を代入します。

if文の例	`if (a>b) a=b;`
説明	aがbより大きいときa>bは1になりますので、aがbより大きいとき、aにbの値が代入されます。

if文の例	`if (0<=a && a<=10) a=0;`
説明	0<=aとa<=10が同時に成り立てば0<=a&&a<=10は1になります。0<=aはaが0以上かどうかを、a<=10はaが10以下かどうかを調べますので、同時に成り立つのはaが0以上で、10以下の場合になります。すなわち、このif文では、aが0以上で10以下のときに、aに0を代入します。

if文の例	`if (x<0 || x>100) printf("間違った点数です。¥n");`
説明	x<0あるいはx>100であればx<0||x>100は1になります。x<0はxが0より小さいかどうかを、x>100はxが100より大きいかどうかを調べますので、少なくとも一方が成り立つのは、xが0より小さいか、あるいは、xが100より大きい場合です。このif文では、xが0より小さいか、あるいは、xが100より大きいときに、「間違った点数です。」と表示します。xに100点満点の点数を入れたいとき、チェックにこのようなif文を入れると便利なことがあります。

例1

xの値が0以上のとき処理を行うプログラムを書いてみましょう。

レッスン17 判断をする

プログラム

```
1   int main(void)
2   {
3       int x=10,y;
4       if (x>=0)
5           y=1;
6       return 0;
7   }
```

3行目では、xとyを宣言し、xを10に初期化しています。**4行目〜5行目**では、xの値によって処理を変えています。xの値が0以上のときは**5行目**を実行します。このプログラムでは、xの値は10で、0以上ですので、**5行目**が実行され、yに1が代入されます。

もし、xの値が-10であれば、**4行目**の**if**の条件を満たしませんので、**5行目**は処理されません。

Webアプリのシミュレータを使ってみよう！

Webアプリの「実演1-0」では、「例1」のプログラムの動作確認を行えます。「実演1-1」〜「実演1-4」では、ifの条件を変更して、それぞれ動作確認を行えます。

if〜else文

ifの条件が満たされるときの処理と満たされないときの

処理の両方を書くこともできます。elseを使い、if〜else文は次のように書きます。

```
if (条件)
    文1
else
    文2
```

「条件」が満たされるとき「文1」が処理され、「条件」が満たされないとき「文2」が処理されます。

elseは予約語ですので、太字で表しています。

if〜else文の例を1つ挙げますと、変数aの値が0(零)より大きい場合bに10を代入し、0以下の場合bに-10を代入したいときは、次のようにします。

```
    if (a>0)
        b=10;
    else
        b=-10;
```

上の例でも、見やすくするために、字下げ(インデント)を使っています。

```
    if (a>0) b=10;
    else b=-10;
```

とも書けます。さらに、1行にまとめて、

```
    if (a>0) b=10; else b=-10;
```

とも書けますが、あまり1つの行につめてしまうと見にくくなる場合があります。

レッスン17 判断をする

図解2

Webアプリをチェック！

Webアプリの「図解2」にある動く図で、条件を満たすときと満たさないときの処理順序の違いを比較してみましょう。

流れ図2

if～else文の流れ図を示します。

if～elseの処理手順の図式化

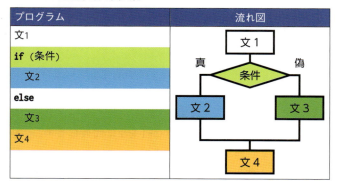

例2

if～elseを使ったプログラム例です。

プログラム

```c
1   int main(void)
2   {
3       int x=1,y;
4       if (x>0)
5           y=1;
6       else
7           y=-1;
8       y++;
9       return 0;
10  }
```

3行目でxとyを宣言し、xを1に初期化しています。

4行目～**7行目**のif～else文で、xが0より大きいとき**5行目**で1をyに代入し、xが0より大きくないとき（すなわち、xが0以下のとき）、**7行目**で-1をyに代入します。

3行目でxを1にしていますので、xは0より大きく、**5行目**のy=1が実行され、if～else文の処理が終わります。**8行目**でyの値が1つ増やされますので、最終的にyは2になります。

レッスン17 判断をする／レッスン18 複数のif

> **Webアプリのシミュレータを使ってみよう！**

Webアプリの「実演2-0」では、「例2」(前ページ) のプログラムの動作確認を行えます。「実演2-1」では、xを-10に初期化したプログラムの動作確認を行えます。
「練習」では、if〜elseを用いて、課題に示す内容を表示するプログラムを書く練習を行えます。

18 複数のif

このレッスンでは、少し複雑なif文を学習します。ifの中にifがあるような処理を説明します。

ifの中にif

レッスン17の「判断をする」で学習したように、if文の書き方は、次のようにしました。

```
if (条件)
    文1
```

あるいは

```
if (条件)
  文2
else
  文3
```

　if 文は文ですので、この文1、文2、文3をif文にしても当然かまいません。すなわち、if 文の中にif文を入れることができるのです。例えば、次のようにできます。

```
if (a>0)
  if (b==0)
    c++;
```

これは、文1を if (b==0) c++; にしたものです。c++ が処理されるのは、a>0 が成り立ち、さらに、b==0 が成り立つときです。この場合は、論理演算を用いて、

```
if (a>0 && b==0)
  c++;
```

ともできます。

レッスン18 複数のif

if if else

Webアプリをチェック！

この項目は発展的な内容ですので、書籍では割愛します。興味のある方は、付録Webアプリをご覧ください。

例1

ifの中にifがあるプログラムを書いてみましょう。

プログラム

```c
#include <stdio.h>
int main(void)
{
    int x=1,y;
    if (x>0)
        y=1;
    else if (x==0)
        y=0;
    else
        y=-1;
    printf("%d",y);
    return 0;
}
```

5行目～10行目のif文の中にさらにif文が入っていま

す。5行目～10行目を

```
if (x>0)
    y=1;
else
    if (x==0) y=0; else y=-1;
```

と書き換えるとわかりやすくなるかもしれません。

5行目でx>0を調べ、x>0のときは、6行目のy=1を処理します。5行目でx>0を調べ、x>0でないとき（すなわち、xが0以下のとき）、7行目～10行目のif文を処理します。

7行目～10行目のif文では、xが0のとき8行目のy=0を処理し、xが0でないとき10行目のy=-1を処理します。10行目が処理されるのは、5行目でx>0でなく、7行目でx==0でないときですから、x<0のときになります。

5行目～10行目のif文の処理が終わると、11行目でyの値が表示されます。

図解

Webアプリをチェック！

Webアプリの「図解」にある動く図で、if文の処理順序を見てみましょう。xの値により、処理が異なる点に注目しましょう。

流れ図1

if文の中にifがあるプログラムの流れ図を示します。プログラムとの対応がとりやすいように、処理の図記号を3色で塗りつぶしています。

ifの処理手順の図式化

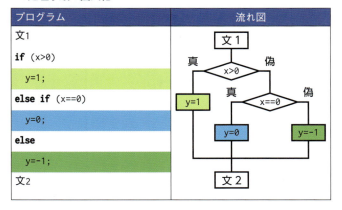

プログラム	流れ図

文1
if (x>0)
　y=1;
else if (x==0)
　y=0;
else
　y=-1;
文2	

Webアプリのシミュレータを使ってみよう!

Webアプリの「実演1-0」では、「例1」のプログラム（161ページ）の動作確認を行えます。「実演1-1」と「実演1-2」では、初期化する値を変更して、それぞれ動作確認を行えます。

例2

4で割ったときの余りを表示するプログラムを書いてみましょう。

プログラム

```c
1   #include <stdio.h>
2   int main(void)
3   {
4     int x=10;
5     if (x%4==0)
6       printf("4で割り切れます。\n");
7     else if (x%4==1)
8       printf("4で割ると余りが1になります。\n");
9     else if (x%4==2)
10      printf("4で割ると余りが2になります。\n");
11    else
12      printf("4で割ると余りが3になります。\n");
13    return 0;
14  }
```

5行目～12行目で、xを4で割ったときの余りを調べ、その状況を表示しています。

5行目の**if**でxを4で割って余りが0の場合**6行目**を処理します。余りが0でない場合は**7行目～12行目**を処理します。

7行目のif文でxを4で割って余りが1の場合**8行目**を処

レッスン18　複数のif

理します。余りが1でない場合は**9行目～12行目**を処理します。

9行目のif文では、xを4で割って余りが2の場合**10行目**を処理します。余りが2でない場合は**12行目**を処理します。

流れ図2

if文の中に2つのifがあるプログラムの流れ図を次ページに示します。プログラムとの対応がとりやすいように、表示の図記号を4色で塗りつぶしています。

Webアプリの**シミュレータ**を使ってみよう！

Webアプリの「実演2-0」では、「例2」のプログラム（前ページ）の動作確認を行えます。「実演2-1」～「実演2-3」では、初期化する値を変更して、それぞれ動作確認を行えます。

また、「練習」では、ifの中にあるifを用いて、課題に示す内容を表示するプログラムを書く練習を行えます。

ifの中に2つのifがあるプログラムの処理手順の図式化（165ページの[流れ図2]）

プログラム

```
#include <stdio.h>

int main(void)
{
    int x=10;
    if (x%4==0)
        printf("4で割り切れます。");
    else if (x%4==1)
        printf("4で割ると余りが1になります。");
    else if (x%4==2)
        printf("4で割ると余りが2になります。");
    else
        printf("4で割ると余りが3になります。");
    return 0;
}
```

流れ図

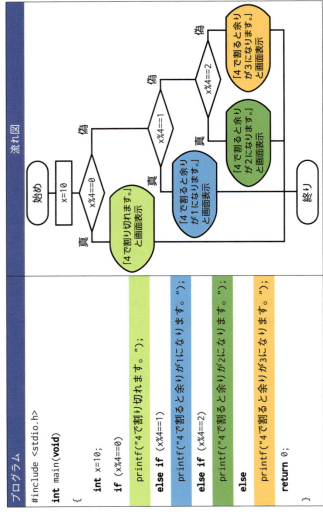

19 条件式

このレッスンでは、if文と同様な処理をする条件式について学習します。

条件式

条件を指定できる式として、条件式があります。条件式の形式は次のように、式1と式2の間に「?」、式2と式3の間に「:」を入れます。この「?」「:」を条件演算子と呼びます。

式1 ? 式2 : 式3

式1の値が0以外のとき（式が正しいとき）、式2の値が求められ、式1の値が0のとき式3の値が求められます。

式2、式3とあるように、処理されるのは、式であることに注意してください。

1つの例として、aが0以上であればzに1を代入し、0未満であればzに0を代入するには、次のようにします。

z = (a>=0) ? 1 : 0;

最後に「;」を付けているのは、全体が代入文だからです。条件演算子の優先順位は関係演算子より低く、代入より高いので、a>=0を括弧で括る必要はないのですが、見

やすくなるようにここでは括弧の中に入れています。

前ページの例は、

(a>=0) ? z=1 : z=0;

とも書けます。なぜならば、「=」は演算子ですので、それを組み合わせたz=1は式だからです。今までは、z=1;のように最後に「;」を付けて文にしていました。

なお、この条件式をifで書き直すと、次のようになります。

if (a>=0)

　z=1;

else

　z=0;

優先順位

Webアプリをチェック！

この項目は発展的な内容ですので、書籍では割愛します。興味のある方は、付録Webアプリをご覧ください。

例1

次は、**条件演算子を使ったプログラム例**です。

プログラム

```
1    #include <stdio.h>
2    int main(void)
3    {
```

レッスン19　条件式

```
4    int x=1,y=2,z;
5    z=(x>y)? x: y;
6    printf("%d¥n", z);
7    return 0;
8  }
```

5行目では、x>yが満たされるときxをzに代入し、x>yが満たされないときyをzに代入します。すなわち、xとyの値の大きい方をzに代入します。

流れ図

条件式があるプログラムの流れ図を下に示します。条件式専用の図記号がないため、条件と処理の図記号を組み合わせます。

条件式の処理手順の図式化

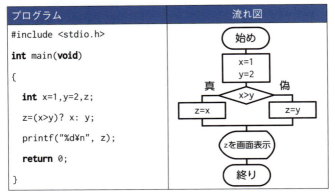

Webアプリのシミュレータを使ってみよう！

Webアプリの「実演1-0」では、「例1」のプログラム（168〜169ページ）の動作確認を行えます。「実演1-1」では、初期化する値を変更して、動作確認を行えます。
また、「練習」では、条件式を用いて、課題に示す内容を表示するプログラムを書く練習を行えます。

20 複文

if文では、次のように、条件を満たす場合や満たさない場合の文は1つしか書けませんでした。

if（条件）
　文1
else
　文2

しかし、それぞれの場合で、複数の文を書きたいこともあります。このレッスンでは、複数の文を1つにまとめる方法について説明します。

複文

if文は条件によって処理を変えることができますが、そのままでは、条件を満たす場合の文は1つしか書けません。複数の文の処理をするときは、それらの文を1つにまとめます。このまとめたものを複文、複合文、あるいは、ブロックといいます。複数の文を1つにまとめるには、次のように書きます。

```
{
   文1
   文2
   文3
}
```

文1、文2、文3をまとめて全体を1つの文として取り扱えるようにします。処理の順序は文1、文2、文3となります。

上は文の数が3つの場合の例です。文の数が多くなっても同様です。文を並べて、「{」と「}」を前後につけるだけです。文1、文2、文3の行頭に空白を入れているのは、見やすくするためです。レッスン3「文を並べる」で学習したようにC言語はフリーフォーマットですので (65ページ)、次のように1行に書くこともできます。

{ 文1　文2　文3 }

図解1／図解2

Webアプリをチェック！

Webアプリの「図解1」と「図解2」にある動く図で、複文の処理順序を見てみましょう。条件を満たすときと満たさないときでは、処理が異なる点に注目しましょう。

例1

複文を用いたプログラムを書いてみましょう。

プログラム

```
1   int main(void)
2   {
3       int x=10,y,z;
4       if (x>=0) {
5           y=1;
6           z=0;
7       } else {
8           y=0;
9           z=1;
10      }
11      return 0;
12  }
```

4行目〜10行目のif文では、条件(x>=0)を満たすとき

5行目と6行目を処理します。条件を満たさないとき8行目と9行目を処理します。

　4行目～10行目を下記のように書いてもいいのですが、例1のプログラムでは行数が多くならないように、{ や **else** の位置を前行末にもってきています。

if (x>=0)
{
　　y=1;
　　z=0;
}
else
{
　　y=0;
　　z=1;
}

流れ図1

複文を用いたif文のプログラムの流れ図を下に示します。

ifの処理手順の図式化

プログラム	流れ図
| ```
int main(void)
{
  int x=10,y,z;
  if (x>=0) {
    y=1;
    z=0;
  } else {
    y=0;
    z=1;
  }
  return 0;
}
``` | 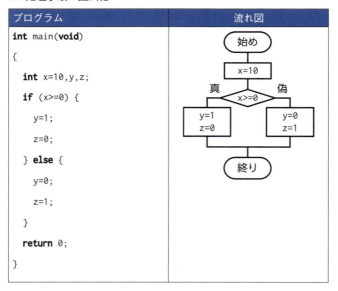 |

Webアプリのシミュレータを使ってみよう!

Webアプリの「実演1-0」では、「例1」のプログラム(172ページ)の動作確認を行えます。「実演1-1」では、初期化する値を変更して、動作確認を行えます。
```

レッスン20 複文

例2

最小値と最大値を求めるプログラムを書いてみましょう。

プログラム

```c
1   int main(void)
2   {
3     int x=1,y=2,min,max;
4     if (x>y) {
5       min=y;
6       max=x;
7     } else {
8       min=x;
9       max=y;
10    }
11    return 0;
12  }
```

4行目～10行目のif文では、xがyより大きいとき、**5行目**でyをminに、**6行目**でxをmaxに代入します。xがyより大きくないとき（すなわち、xがy以下のとき）、**8行目**でxをminに、**9行目**でyをmaxに代入します。

このプログラムは、xの値とyの値の小さい方をminに、大きい方をmaxに入れます。

流れ図2

複文を用いた**if**文のプログラムの流れ図を下に示します。

ifの処理手順の図式化

プログラム	流れ図

``c
int main(void)
{
  int x=1,y=2,min,max;
  if (x>y) {
    min=y;
    max=x;
  } else {
    min=x;
    max=y;
  }
  return 0;
}
``
	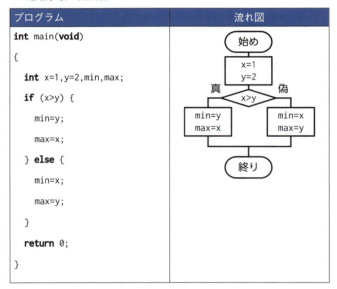

レッスン20 複文／レッスン21 switch文

Webアプリのシミュレータを使ってみよう！

Webアプリの「実演2-0」では、「例2」のプログラム（175ページ）の動作確認を行えます。「実演2-1」では、初期化する値を変更して、動作確認を行えます。
また、「練習」では、複文を用いて、課題に示すように値を増やすプログラムを書く練習を行えます。

21 switch文

　ある式が複数の値を持ち、値によって処理を変えたいとき、if文を使うならば、次のようにします。
　if（式==値1）
　　　文1
　else if（式==値2）
　　　文2
　else if（式==値3）
　　　文3
　else if（式==値4）
　　　文4
　else 文5

式の値によって処理を分けるために、**if**文以外に**switch**文が用意されています。このレッスンでは、**switch**文について学習します。

switch文

switch文では、式の値により処理を変えることができます。**switch**文は、次のように書きます。{ }の中に、式がとりうる値と:を**case**の後に書き、処理する文を並べます。**case**の後に書く値をラベルといいます。

```
switch (式) {
  case 値1:
    文1
    文2
  case 値2:
    文3
    文4
  default:
    文5
    文6
}
```

「式」の値を調べ、その値に一致するラベルを探し、そのラベルに続く文の並びに処理が移ります。もし式の値と一致するラベルがない場合は、**default**があれば**default**に続く文の並びに処理が移り、**default**がなければ**switch**文の処理を

終えます。

switch、case、およびdefaultは予約語ですので、太字で示しています。

式の値が「値1」のときは、「**case** 値1:」の後の文1へ処理が移り、文1、文2、文3、文4、文5、文6を処理します。式の値が「値2」のときは、「**case** 値2:」の後の文3へ処理が移り、文3、文4、文5、文6を処理します。式の値が「値1」でも「値2」でもないときは、「**default**:」の後の文5へ処理が移り、文5、文6を処理します。

前述の書き方では2つの値（値1と値2）しかラベルに使っていませんが、ラベルはいくらでも使えます。しかし、ラベルはすべて異なる値をもつようにしますので、注意してください。また、上では、各ラベルに続く文は2つ書いていますが、これもいくつでも書けます。

図解1

Webアプリをチェック！

Webアプリの「図解1」にある動く図で、case文の処理順序を見てみましょう。xの値により、処理が異なる点に注目しましょう。

流れ図1

switch文のプログラムの流れ図を次ページに示しま

す。switch専用の図記号がありませんので、条件と処理の図記号を組み合わせます。

処理手順の図式化

プログラム	流れ図
```switch (式) { case 値1: 文1 文2 case 値2: 文3 文4 default: 文5 文6 } ```	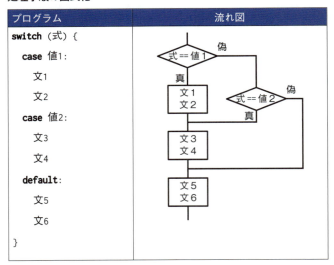

例1

switch文の動作を確認するプログラムを書いてみましょう。

プログラム

```
1   #include <stdio.h>
2   int main(void)
3   {
```

```
4      int x=3;
5      switch (x) {
6        case 3: printf("*");
7        case 2: printf("*");
8        case 1: printf("*");
9        default: printf("\n");
10     }
11     return 0;
12   }
```

5行目〜10行目のswitch文では、xの値により処理を変えています。

xの値が3のとき、6行目〜9行目が処理されます。xの値が2のとき、7行目〜9行目が処理されます。xの値が1のとき、8行目〜9行目が処理されます。xの値が1、2、3のどれでもないとき、9行目が処理されます。

4行目でxを3に初期化していますので、6行目〜9行目が処理されます。6行目〜8行目で

***

と画面に表示され、9行目のprintfで改行されます。

Webアプリのシミュレータを使ってみよう!

Webアプリの「実演1-0」では、「例1」のプログラム(前ページ〜)の動作確認を行えます。「実演1-1」〜「実演1-4」では、初期化する値を変更して、それぞれ動作確認を行えます。

break文

switch文では式の値に一致するラベル以降のすべての文が処理されます。一部だけの文を処理したいときは、途中にbreakを入れます。breakにより、switch文を抜け出すことができます。

次の例で動作を説明しましょう。なお、breakは予約語ですので、太字で表しています。**break**の末尾には;を入れていることに注意してください。

```
switch (式) {
  case 値1:
    文1
    文2
    break;
  case 値2:
    文3
    文4
    break;
  default:
    文5
    文6
}
```

式の値が「値1」のときは、「case 値1:」の後の文1へ処理が移り、文1、文2を処理し、break文によりswitch文の処理を終えます。式の値が「値2」のとき

は、「**case 値2:**」の後の文3へ処理が移り、文3、文4を処理し、switch文の処理を終えます。式の値が「値1」でも「値2」でもないときは、「**default:**」の後の文5へ処理が移り、文5、文6を処理します。

図解2

Webアプリをチェック!

Webアプリの「図解2」にある動く図で、case文の処理順序を見てみましょう。xの値により、処理が異なる点に注目しましょう。

流れ図2

switch文のプログラムの流れ図を次ページに示します。switch専用の図記号がありませんので、条件と処理の図記号を組み合わせます。

処理手順の図式化

プログラム	流れ図

`switch` (式) {
　`case` 値1:
　　文1
　　文2
　　`break`;
　`case` 値2:
　　文3
　　文4
　　`break`;
　`default`:
　　文5
　　文6
}
	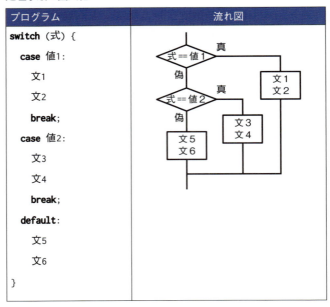

例2

break文の**動作を確認する**プログラムを書いてみましょう。

プログラム

```
1  #include <stdio.h>
2  int main(void)
3  {
```

```
4      int x=100;
5      switch (x%3) {
6        case 0:
7          printf("3で割れます。¥n");
8          break;
9        case 1:
10         printf("3で割ると余りは1です。¥n");
11         break;
12       case 2:
13         printf("3で割ると余りは2です。¥n");
14         break;
15     }
16     return 0;
17   }
```

 5行目～15行目のswitch文では、x%3の値により処理を変えています。x%3はxを3で割ったときの余りです。

 x%3の値が0のとき、**7行目**に処理が移り、**8行目**のbreakでswitch文の処理が終わります。

 x%3の値が1のとき、**10行目**に処理が移り、**11行目**のbreakでswitch文の処理が終わります。

 x%3の値が2のとき、**13行目**に処理が移り、**14行目**のbreakでswitch文の処理が終わります。**14行目**のbreakはなくてもいいですが、わかりやすくするためにこのようにbreakを入れる場合があります。

 4行目でxを100に初期化しています。x%3は1になるの

で、**10行目～11行目**が処理されます。

　3で割ると余りは1です。

と画面に表示されます。

> **Webアプリのシミュレータを使ってみよう！**

Webアプリの「実演2-0」では、「例2」のプログラム（184〜185ページ）の動作確認を行えます。「実演2-1」と「実演2-2」では、初期化する値を変更して、それぞれ動作確認を行えます。

また、「練習」では、switch文を用いて、課題に示すように文字列を表示させるプログラムを書く練習を行えます。

22 実践練習：選択

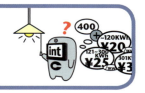

　if文とswitch文は、条件により選択的に処理を変えるので、選択文とも呼ばれています。このレッスンでは、選択文を使った実践的なプログラムを作ります。

レッスン22 実践練習：選択／レッスン23 繰り返し：for文

Webアプリのシミュレータを使ってみよう！

Webアプリでは、「練習1」「練習2」「練習3」で、選択文を使ったプログラムを書く練習を行えます。

「練習1」では、西暦年を入力すると、うるう年かどうかを判定して、結果を表示するプログラムを書く練習を行えます。

「練習2」では、電力量を入力すると、電気料金を計算して表示するプログラムを書く練習を行えます。

「練習3」では、月に相当する整数を入力すると、英語の月名を表示するプログラムを書く練習を行えます。

23 繰り返し：for文

人間は同じことを繰り返すのは、飽きてしまって、不得意ですが、コンピュータは、飽きもせず同じことを繰り返してくれます。このレッスンでは繰り返し処理を行うfor文を学習します。

for文

forは、繰り返しを行いたいときに使う命令です。次の

ように書きます。なお、**for**は予約語ですので、太字で示しています。

> **for** (式1; 式2; 式3)
>   文

まず、「式1」を処理します。次に「式2」の値を調べます。もしその値が0でなければ「文」を処理します。

次に「式3」を処理し、「式2」の値を調べます。もしその値が0でなければ、「文」を処理します。「式2」の値が0になるまで、「式3」と「文」を繰り返し処理します。

レッスン16「関係演算と論理演算」（143ページ）で学習したように、関係式や論理式では、条件を満たせば1になり、満たさなければ0になります。式2には関係式や論理式を書く場合が多いので、式2は条件と読み替えることができます。

「式1」、「式2」、「式3」は「;」で区切ります。複数の文を繰り返したいときは、複数の文を「{」と「}」で囲んで複文にします。「文」は、文であればなんでもよく、例えばif文にすると、for文の中にif文が入ることになり、判断処理（if文）を繰り返す（**for**文）ことができます。

例を挙げましょう。

　　for (a=10;a<=20;a++)
　　　　x++;

は、aの値を最初10にしてa<=20の値が1になるのでx++を実行し、次にaを1つ増やし11にし、a<=20の値が1になるのでx++を実行し、……（途中省略）……、aを1つ増

やして20にし、a<=20の値が1になるのでx++を実行します。aをさらに1つ増やすと21になり、a<=20の値が0になるので、繰り返し処理が終わります。

上の **for** では、aが21になるまで処理を続けるのですから、

   for (a=10;a<21;a++)
      x++;

と同じ処理になります。

for (y=0;y>=0;y++) x++; とすると、yの値が0（y=0）から始まり、1つずつ増えていく（y++）ため、常にyの値が0以上（y>=0）になり、この **for** 文は終了しません。条件等に注意して、終了しないプログラムを作成しないようにしましょう。

図解1

Webアプリをチェック！

Webアプリの「図解1」にある動く図で、for文の処理順序を見てみましょう。

流れ図1

for 文の流れ図を、条件と処理の図記号を組み合わせて表してみましょう。下の図記号から上の図記号へ処理が続くときは、線の端に矢印を描き、線の方向をわかるように

します。次の流れ図を見て、for文の処理順序を確認してください。

処理順序の図式化

プログラム	流れ図
`for (式1; 式2; 式3)` 　文1 文2	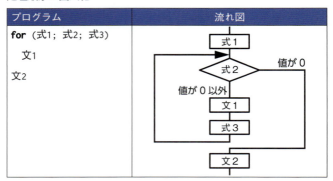

流れ図2

下表に繰り返しの図記号を示します。

流れ図の記号（規格番号：JIS X 0121）

図	名前	意味
	ループ端	2つの部分からなり、繰り返し（ループ）の始まりと終わりを表します。始まりの図記号の中に補足説明を書きます。

繰り返しの図記号を使ったfor文の流れ図を示します。

レッスン23 繰り返し:for文

処理順序の図式化

プログラム	流れ図
for (式1; 式2; 式3) 　文1 文2	ループ1: 式1;式2;式3 → 文1 → ループ1 → 文2

　C言語では繰り返し処理の命令が複数あり、ループの図記号ではその違いが明確にならない場合があります。そのため、以降のレッスンではループの図記号は利用しません。

例1

ある値からある値まで表示するプログラムを書いてみましょう。

プログラム

```
1  #include <stdio.h>
2  int main(void)
3  {
4    int i;
5    for (i=0;i<10;i++)
6      printf("%d", i);
```

```
7       printf("¥n");
8       return 0;
9   }
```

5行目～6行目のfor文では、iをまず0にして（i=0）、iが10より小さい間（i<10）、iを1つずつ増やしながら（i++）、**6行目**でiを表示します。この繰り返し処理により、0から9までの数字が表示されます。

5行目を**for**(i=0;i<5;i++)に変更するとiが5未満の間繰り返され、4までの数字が表示されます。**for**(i=5;i<10;i++)に変更すると、iは5から始まりますので、5から9までの数字が表示されます。**for**(i=0;i<10;i+=2)に変更すると、i+=2のためにiが2つずつ増やされますので、0から9までの2つずつ増える数字が表示されます。

すべての数字の表示が終わってから、**7行目**で改行しています。

Webアプリのシミュレータを使ってみよう！

Webアプリの「実演1-0」では、「例1」のプログラム（前ページ～）の動作確認を行えます。「実演1-1」～「実演1-3」では、for文の中の値を変更して、それぞれ動作確認を行えます。

例2

1行に表示する値の個数を制限しながら、ある値からあ

る値まで表示するプログラムを書いてみましょう。

```
プログラム
1   #include <stdio.h>
2   int main(void)
3   {
4     int i;
5     for (i=1;i<=15;i++)
6       if (i%5!=0)
7         printf("%d", i);
8       else
9         printf("%d¥n", i);
10    return 0;
11  }
```

5行目〜9行目のfor文では、iをまず1にして(i=1)、iが15以下である間(i<=15)、iを1つずつ増やしながら(i++)、**6行目〜9行目**でiを表示します。

6行目〜9行目では、i%5が0でなければ**7行目**でiを表示し、i%5が0であれば**9行目**でiを表示し改行します。i%5（iを5で割ったときの余り）が0になるのは、iが5、10、15のときですので、5、10、15が表示されてから改行されます。なお、**6行目**の(i%5!=0)は、(i%5)とも書くことができます。

Webアプリのシミュレータを使ってみよう!

Webアプリの「実演2-0」では、「例2」のプログラム(前ページ)の動作確認を行えます。「実演2-1」ではif文の中を、「実演2-2」ではfor文の中をそれぞれ変更して、動作確認を行えます。

例3

1から5までの和と積を計算するプログラムを書いてみましょう。

プログラム

```
1   #include <stdio.h>
2   int main(void)
3   {
4     int i,t=0,p=1 ;
5     for (i=1;i<=5;i++) {
6       t+=i;
7       p*=i;
8     }
9     printf("%d %d¥n" ,t, p);
10    return 0;
11  }
```

5行目〜8行目のfor文では、iをまず1にして(i=1)、iが5以下である間(i<=5)、iを1つずつ増やしながら

(i++)、**6行目**〜**7行目**を処理します。

6行目では、tにiを足し加えています。**7行目**では、pにiを掛け合わせています。**5行目**〜**8行目**のfor文を処理し終わると、tは1から5までの総和、pは1から5までを掛け合わせた値になります。結局、
t=0+1+2+3+4+5=15
p=1×1×2×3×4×5=120
になり、**9行目**でそれらの値が表示されます。

Webアプリのシミュレータを使ってみよう！

Webアプリの「実演3-0」では、「例3」のプログラム（前ページ）の動作確認を行えます。「実演3-1」では、for文の中を変更して、動作確認を行えます。
また、「練習」では、for文を用いて、九九の表の7の段を表示させるプログラムを書く練習を行えます。

24 いろいろなfor

for（式1; 式2; 式3）では、「式1」、「式2」、「式3」を用いて繰り返す方法を指定しますが、これらは省略するこ

とができます。このレッスンではいろいろな for 文の用法を学習します。

for文

● **for** (式1; 式2; 式3)の「式1」の省略

for (式1; 式2; 式3)の「式1」は、for 文の最初に 1 回だけ処理されます。この処理が for 文の前に行われていれば、「式1」は省略することができます。

例えば、**for** (a=0; a<10; a++) x++; は、

a=0;

for (; a<10;a++) x++;

とも書けます。

● **for** (式1; 式2; 式3)の「式2」の省略

for 文内に条件判定があり、その条件が満たされると for 文を終了するようにしていれば、**for** (式1; 式2; 式3)の「式2」を省略することができます。for 文を途中で終了するためには、break 文を用います。

例えば、**for** (a=0; a<10 ;a++) x++; は、

for (a=0; ; a++) {

  if (a>=10) **break**;

  x++;

}

と書けます。

● **for**（式1; 式2; 式3）の「式3」の省略

繰り返すごとに変更したい処理がfor文内にある場合、**for**（式1; 式2; 式3）の「式3」を省略することができます。

例えば、**for**（a=0; a<10; a++）x++; は、

```
for (a=0; a<10; ) {
   x++;
   a++;
}
```

とも書けます。

● **for**（;;）の使い方

「式1」、「式2」、「式3」の中から2つ省略してもいいですし、すべてを省略して、

for（;;）

という書き方もできます。ただし、「;」を省略することはできませんので、必ず( )の中には「;」が2つ必要です。

for(;;)のような書き方はしばしば使われます。このときは、**for**文内に**break**文を入れ、いつかは必ず**for**文が終了するようにしてください。

例1

簡単なプログラムです。Webアプリの実演でこの**for**文を変更します。

プログラム

```
1   #include <stdio.h>
2   int main(void)
3   {
4     int a,x=100;
5     for (a=0;a<5;a++)
6       printf("%d\n",x++);
7     return 0;
8   }
```

5行目～6行目では、aを0にし、aが5未満の間、aを1つずつ増やしながら、6行目を処理します。

Webアプリのシミュレータを使ってみよう！

Webアプリの「実演1-0」では、上の「例1」のプログラムの動作確認を行えます。「実演1-1」～「実演1-3」では、for文の中をそれぞれ変更して、それぞれ動作確認を行えます。

25 多重for文

for文の中にfor文を書くことができます。このレッスンでは、繰り返し処理の中でさらに繰り返し処理を行います。

例1

for文の中にfor文があるプログラムを書いてみましょう。

プログラム

```
1   #include <stdio.h>
2   int main(void)
3   {
4     int x,y;
5     for (x=0;x<2;x++)
6       for (y=0;y<2;y++)
7         printf("%d && %d = %d\n", x, y, x && y);
8     return 0;
9   }
```

5行目～7行目のfor文では、xをまず0にして (x=0)、xが2より小さい間 (x<2)、xを1つずつ増やしながら (x++)、**6行目～7行目**のfor文を処理します。

6行目〜7行目のfor文では、yをまず0にして（y=0）、yが2より小さい間（y<2）、yを1つずつ増やしながら（y++）、7行目で表示します。

　すなわち、5行目のforでxを0にして、6行目のforでyを順に0と1にして7行目で表示し、再び5行目のforで今度はxを1にして、6行目のforでyを順に0と1にして7行目で表示します。

図解

Webアプリをチェック！

Webアプリの「図解」にある動く図で、for文の処理順序を見てみましょう。

流れ図

　for文の中にfor文がある場合の流れ図を、条件と処理の図記号を組み合わせて表してみましょう。下の図記号から上の図記号へ処理が続くときは、線の端に矢印を描き、線の方向をわかるようにします。次ページの流れ図を見て、for文の処理順序を確認してください。

レッスン25 多重for文

処理順序の図式化

プログラム	流れ図
文1 **for** (x=0;x<2;x++) 　**for**(y=0;y<2;y++) 　　文2 文3	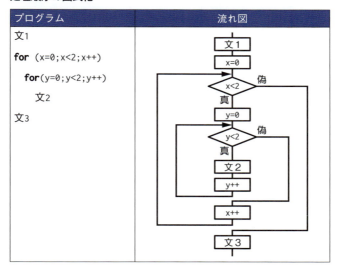

Webアプリのシミュレータを使ってみよう！

Webアプリの「実演1-0」では、「例1」のプログラム（199ページ）の動作確認を行えます。「実演1-1」～「実演1-3」では、for文の中にあるfor文（7行目）の「x && y」をそれぞれ変更して、動作確認を行えます。

例2

　九九の表の一部を表示するプログラムを書いてみましょう。

プログラム

```c
1   #include <stdio.h>
2   int main(void)
3   {
4     int x,y;
5     for (x=1;x<6;x++) {
6       for (y=1;y<6;y++)
7         printf("%3d", x*y);
8       printf("\n");
9     }
10    return 0;
11  }
```

5行目〜9行目のfor文では、xをまず1にして (x=1)、xが6より小さい間 (x<6)、xを1つずつ増やしながら (x++)、**6行目〜7行目**のfor文を処理し、さらに**8行目**を処理します。

6行目〜7行目のfor文では、yをまず1にして (y=1)、yが6より小さい間 (y<6)、yを1つずつ増やしながら (y++)、**7行目**で表示します。

すなわち、**5行目**の**for**でxを1にして、**6行目**の**for**でyを順に1、2、3、4、5にしながら**7行目**でx*yを表示し、**8行目**で改行し、再び**5行目**の**for**で今度はxを2にして、同様に繰り返します。

なお、**7行目**の"%3d"の3で、値を3桁で表示することを指定しています。

レッスン25 多重for文

Webアプリのシミュレータを使ってみよう！

Webアプリの「実演2」では、「例2」のプログラム（前ページ）の動作確認を行えます。

例3

＊を並べて三角形を描くプログラムを書いてみましょう。

プログラム

```
1   #include <stdio.h>
2   int main(void)
3   {
4      int i,j;
5      for (i=1;i<=5;i++) {
6         for (j=1;j<=i;j++)
7            printf("*");
8         printf("¥n");
9      }
10     return 0;
11  }
```

5行目～9行目のfor文では、iをまず1にして（i=1）、iが5以下である間（i<=5）、iを1つずつ増やしながら（i++）、6行目～7行目のfor文を処理し、8行目を処理します。

6行目～7行目では、jをまず1にしてjがi以下である

間7行目を処理しますので、*をi個並べます。

　すなわち、5行目のforでiを1にして、6行目〜7行目で*を1個表示し、8行目で改行します。次に、再び5行目のforで今度はiを2にして、6行目〜7行目で*を2個表示し、8行目で改行します。これを繰り返します。

　結局、

*
**
***
****
*****

と表示されます。

> **Webアプリのシミュレータを使ってみよう！**

Webアプリの「実演3-0」では、「例3」のプログラム（前ページ）の動作確認を行えます。「実演3-1」では、for文の中にあるfor文（6行目）を変更して、動作確認を行えます。
また、「練習」では、多重for文を用いて、*を並べて逆三角形を描くプログラムを書く練習を行えます。

26 繰り返し: while文

繰り返しのための命令として、while文があります。このレッスンでは繰り返し処理を行うwhile文を学習します。

while

whileは、ある条件を満たしている間（ある条件を満たさなくなるまで）、処理を繰り返します。次のように書きます。なお、whileは予約語ですので、太字で示しています。

while (式)
　文

「式」の値が0以外である間、「文」を繰り返します。

「式」には、関係式や論理式を使う場合が多く、「式」を「条件」と読み替えることができます。

「**while**」、「(式)」の前後の空白は、いくつ入れてもかまいません。また、複数の文を繰り返したいときは、複数の文を「{」と「}」で囲んで複文にします。

例えば、**while** (x<10) x++; は、x<10である間、x++を実行します。x++によりxの値は1つずつ増えていき、いつかはxの値は10以上になりますので、**while**の処理はい

つかは終わります。しかし、x=9; y=0; while (x<10) y++; では、いつまでたっても、xの値が10以上になりませんので、y++の処理を永遠に続けてしまい（あるいはエラーを表示して異常終了したり）、正しくありません。**whileの「式」の値はいつかは0になる（「条件」はいつかは満たされなくなる）ようにしましょう。**

図解

Webアプリをチェック！

Webアプリの「図解」にある動く図で、while文の処理順序を見てみましょう。

流れ図

　while文の流れ図を、条件と処理の図記号を組み合わせて表してみましょう。下の図記号から上の図記号へ処理が続くときは、線の端に矢印を描き、線の方向をわかるようにします。次ページの流れ図を見て、while文の処理順序を確認してください。

処理順序の図式化

プログラム	流れ図
while (式) 　文	(式が0以外なら文を実行、0なら終了する繰り返し構造の図)

forとwhileの関係

forとwhileの関係を考察してみましょう。互いに書き換えることができます。なお、式の後に;を追加して文にしている箇所があります。

for文の処理をwhileで書き直してみましょう。	while文の処理をforで書き直してみましょう。

for (式1;式2;式3)
　文
 	
↓
 	
式1;
while (式2) {
　文
　式3;
}
	while (式)
	　文
	
	↓
	
	for (;式;)
	　文

207

例1

aの値が15より小さい間aを表示するプログラムを書いてみましょう。

プログラム

```
1    #include <stdio.h>
2    int main(void)
3    {
4      int a=0;
5      while (a<15) {
6        printf("%d¥n",a);
7        a+=3;
8      }
9      return 0;
10   }
```

5行目～8行目のwhile文では、aの値が15より小さい(a<15)間、6行目～7行目を繰り返します。繰り返すのは、6行目のaの値の画面表示と7行目のaの値を3つ増やすことです。

繰り返し処理中、aの値は増えていきます。いつかはaの値は15以上になりwhileの条件を満たさなくなります(a<15の関係式の値が0になります)ので、プログラムは確実に終了します。

レッスン26　繰り返し:while文

Webアプリの シミュレータを
使ってみよう！

Webアプリの「実演1-0」では、「例1」のプログラム（前ページ）の動作確認を行えます。「実演1-1」と「実演1-2」では、while文の中をそれぞれ変更して、動作確認を行えます。

break文

「1」は関係が正しいことを示しますので、while(1)とすると、条件は常に満たされ、繰り返し処理が終わりません。

レッスン21「switch文」では、switch文を抜け出すためにbreak文を使いました（182ページ）。breakは、繰り返し処理を抜け出すためにも使えます。すなわち、while (1)の中にbreakを入れて、while処理を終了するようにします。

次のように、whileの中にwhileがあるような2重の繰り返しがあり、内側のwhileの中にbreakがある場合、breakによって抜け出るのは、内側のwhileだけです。

```
while （…） {
  …
  while （…） {
     …
     …
     break;
```

…
  }
  break文により抜け出る箇所
  …
  …
}

例2

whileとbreakを用いたプログラムです。

プログラム

```
1   #include <stdio.h>
2   int main(void)
3   {
4     int a=0;
5     while (1) {
6       if (a>=15) break;
7       printf("%d¥n", a);
8       a+=3;
9     }
10    return 0;
11  }
```

5行目〜9行目のwhile文では、6行目〜8行目を繰り返します。繰り返すのは、6行目のif文、7行目のaの値の画面表示と8行目のaを3つ増やすことです。

do〜while文

do〜whileは繰り返しをします。次のように繰り返す処理をdoとwhileで囲みます。 なお、doとwhileは予約語ですので、太字で示しています。

```
do
  文
while (式);
```

「式」の値が0になるまで「文」が処理されます。

「式」は( )で囲みます。 繰り返したい文が複数ある場合は、{ }を使って複文にします。**do〜while** (式);の文末にある「;」を忘れずに入れてください。

「式」には、関係式や論理式を使う場合が多く、「式」を「条件」と読み替えることができます。

図解

Webアプリをチェック!

Webアプリの「図解」にある動く図で、do〜while文の処理順序を見てみましょう。

6行目のif文では、aが15以上になったらwhile文を終了するようにしています。

繰り返し処理中aは増えていきます。いつかはaは15以上になり、break文によりwhileを終了しますので、プログラムは確実に終了します。

Webアプリのシミュレータを使ってみよう！

Webアプリの「実演2」では、「例2」のプログラム（前ページ）の動作確認を行えます。
また、「練習」では、while文を用いて、課題に示す計算結果を表示させるプログラムを書く練習を行えます。

27 繰り返し：do～while文

繰り返す命令として、do～while文があります。このレッスンでは繰り返し処理を行うdo～while文を学習します。

レッスン27 繰り返し:do～while文

流れ図

do～while文の流れ図を、条件と処理の図記号を組み合わせて表してみましょう。下の図記号から上の図記号へ処理が続くときは、線の端に矢印を描き、線の方向をわかるようにします。流れ図を見て、do～while文の処理順序を確認してください。

処理順序の図式化

プログラム	流れ図
do 　文 while (式);	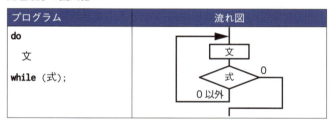

while文とdo～while文

while文とdo～while文を比較すると、「式」の値が最初から0の場合、while文の中の処理は一度も実行されませんが、do～while文では、最低一度は実行されます。次ページの例では、**while**の繰り返し処理が終わると、xには1が記憶されます。一方、**do～while**の繰り返し処理が終わると、xには2が記憶されます。

213

while文	do～while文

x=1;
while (x<0)
    x++;
	x=1;
	do
	    x++;
	while (x<0);

例1

aの値が15より小さい間aの値を表示するプログラムを書いてみましょう。

プログラム

```
1   #include <stdio.h>
2   int main(void)
3   {
4     int a=0;
5     do {
6       printf("%d\n", a);
7       a+=3;
8     } while (a<15);
9     return 0;
10  }
```

5行目〜8行目のdo〜while文では、aが15より小さい（a<15）間、6行目〜7行目を繰り返します。繰り返すのは、6行目のaの値の画面表示と7行目のaを3つ増や

レッスン27　繰り返し:do～while文

すことです。

　繰り返し処理中aは増えていきます。いつかはaは15以上になり**do～while**の条件を満たさなくなりますので、プログラムは確実に終了します。

> **Webアプリのシミュレータを使ってみよう!**

Webアプリの「実演1-0」では、「例1」のプログラム（前ページ）の動作確認を行えます。「実演1-1」と「実演1-2」では、do～while文の中をそれぞれ変更して、動作確認を行えます。

例2

　do～while (1)を使ったプログラムです。「1」は関係が正しいことを示しますので、**do～while** (1)とすると、条件は常に満たされ、繰り返し処理が終わらない可能性があります。繰り返し処理の中に**break**を入れて、do～while処理を終了させることができます。

プログラム

```
1   #include <stdio.h>
2   int main(void)
3   {
4       int a=0;
5       do {
```

215

6	**if** (a>=15) **break**;
7	printf("%d¥n", a);
8	a+=3;
9	} **while** (1);
10	**return** 0;
11	}

　5行目～9行目のdo～while文では、6行目～8行目を繰り返します。繰り返すのは、6行目のif文、7行目のaの値の画面表示と8行目のaを3つ増やすことです。

　6行目のif文では、aが15以上になったらdo～while文を終了するようにしています。

　繰り返し処理中aは増えていきます。いつかはaは15以上になりdo～whileを終了しますので、プログラムは確実に終了します。

Webアプリのシミュレータを使ってみよう！

Webアプリの「実演2」では、「例2」のプログラム（前ページ～）の動作確認を行えます。

また、「練習」では、do～while文を用いて、課題に示す値を表示させるプログラムを書く練習を行えます。

28 実践練習：繰り返し

for文、while文、do～while文は、繰り返しに用いられる命令です。繰り返しは**ループ**とも呼ばれています。このレッスンでは、ループを使った実践的なプログラムを作ります。

Webアプリのシミュレータを使ってみよう！

Webアプリでは、「練習1」「練習2」「練習3」で、繰り返しを使ったプログラムを書く練習を行えます。

「練習1」では、1から10までの二乗と三乗の表を作るプログラムを書く練習を行えます。

「練習2」では、負の数字を入力するまで数字を次々と入力し、総和を求めるプログラムを書く練習を行えます。

「練習3」では、y=x*xのグラフを表示するプログラムを書く練習を行えます。

29 配列

コンピュータは、たくさんのデータを取り扱います。データを取り扱うにはそれぞれに対応した変数を用意します。しかし、これは手間がかかります。同じようなたくさんの変数を一度に用意するには配列を使います。このレッスンでは、配列について学習します。

総和を求める

今までの変数宣言では1つの箱しか用意しません。そのため、たくさんの数やデータを処理するとき面倒になる場合があります。このことを総和を求めるプログラムで説明しましょう。

3つの数を入力して、総和を求めるプログラムは、次のようになります。

```
int n1,n2,n3,total;
scanf("%d",&n1); scanf("%d",&n2); scanf("%d",&n3);
total=n1+n2+n3;
```

3つの数ではなく、100個の数の総和を求めたいときはどうするでしょうか。地道に、n1からn100までの100個の変数を宣言して、100個の数を入力しようとすると、非常に長い単調なプログラムになってしまい、非常に面倒で

す。あえて書けば、下のようになりますが、長いプログラムになりますので、途中を省略しています。実際は、プログラムでは省略をすることはできませんので、省略せずすべてを書く必要があります。

```
int n1,n2,n3,n4,n5,…途中省略…, n99, n100, total;
scanf("%d",&n1); scanf("%d",&n2); scanf("%d",&n3);
…途中省略… scanf("%d",&n100);
total=n1+n2+n3+…途中省略…+n99+n100;
```

上の例のようにたくさんのデータを取り扱うときは、今までの知識では不十分です。しかし、数やデータを番号付けできれば、たくさんのデータが扱いやすくなります。

例えば、100個の箱（数やデータ）の組に名前を付け、各箱を番号付けし、各箱を名前と番号で指定できるとすれば、どうでしょう。番号は数ですので、変数を使って表すことができ、繰り返し処理を使うことにより、プログラムを簡潔に書くことができます。

配列

データを番号付ける方法について説明しましょう。

次ページの図のように、100個の箱（データ）を持ったもの全体にaと名前を付けます。それぞれの箱に0から99までの番号を付けます。

各箱をa[0]、a[1]、……、a[99]で指定できるとします。0から99ですので、全部で100になります（次ページの図では、a[3]からa[98]を省略しています）。100個の箱に入って

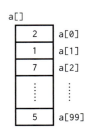

いる値の総和は、次のように簡潔に書けます。

```
t=0;
for (i=0; i<100; i++) t+=a[i];
```

左図では、複数の箱全体の名前には [ ] を追加しています。すなわち、100個の箱全体の名前をa[ ]としています。これは普通の変数名aと区別するためです。

このように、複数の箱を一度に取り扱えるようにし、各箱を番号で参照できれば、便利です。複数の箱をもっているものを配列と呼びます。配列を用いれば、たくさんの数やデータを扱いやすくなります。

注意したいのは、各箱の大きさは同じであることです。もう少し正確に書きますと、同じ型のものしか配列にまとめることはできません。整数と実数では箱の大きさが違いますので、配列にはできません。大きさの違う箱（型の違う箱）を一度に取り扱う方法は、レッスン41の「構造体」で学習します。

宣言

箱の組（配列）は使用する前に宣言する必要があります。宣言する際に、その組に付ける名前（配列名）と箱の数（要素数）を指定します。配列は次のように宣言します。

レッスン29　配列

> 型　配列名[要素数];

「型」は各箱の型です。要素数は[ ]で囲みます。

例えば、

　`int a[5];`

と宣言しますと、右図のようなint型の5つの箱から構成される配列が用意されます。各箱はint型の値を記憶することができます。それぞれの箱を要素と呼びます。

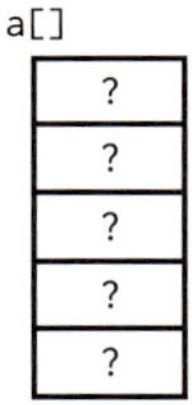

図では、配列の名前（配列名）のa[ ]を左上に書いています。変数名と区別するために[ ]を付けています。

配列を宣言しただけでは、各要素にどのような値が記憶されているかわかりませんので、右上図では各箱内に「?」と書いています。

参照

配列の各箱を参照するには、次のように配列名の後に番号を付けます。番号は[ ]で囲みます。

> 配列名[添字]

[ ]の中の番号を添字と呼びます。添字には数だけでなく、変数も使えます。

例えば、`int a[5]`と宣言した場合、それぞれの箱は、a[0]、a[1]、a[2]、a[3]、a[4]として使われます。ここ

で、添字は0から4までの数字が使われていることに注意してください。0から4までですので、全部で5つの箱が用意され、要素数が5になるのです。

`int a[5];`と宣言した場合、a[5]は存在しません。存在しない要素を指定することはできません。

a[]

2	a[0]
1	a[1]
7	a[2]
18	a[3]
5	a[4]

左図のように配列に各値が記憶されている場合、t=a[3];とすれば、a[3]の箱に入っている値は18ですので、18がtに代入されます。a[2]=10;とすれば、a[2]の箱に入っている値7が10に変わります。

図解

 Webアプリをチェック！

Webアプリの「図解」にある動く図で、配列を宣言し、各要素に値を代入し、それらの値を使った計算をする際の処理内容を見てみましょう。

初期化

次のように、宣言時に配列の各箱に値を入れることもできます。値は , で区切って { } で囲みます。

レッスン29 配列

> 型 配列名[要素数m]={値1, 値2, ……, 値n};

要素数よりも値の数が少ない（m>n）ときは、n番目までの箱に値を代入し、残りの箱には0が入ります。

初期化の例を下に挙げます。右の例では、mが5で、nが2ですので、m>nを満たし、n番目以降の箱には0が入ります。

int a[5]={2, 1, 7, 18, 5};	**int** a[5]={2, 1};
a[]	a[]
2 a[0]	2 a[0]
1 a[1]	1 a[1]
7 a[2]	0 a[2]
18 a[3]	0 a[3]
5 a[4]	0 a[4]

値の数は要素数以下にしなければなりません。例えば、**int** a[2]={1, 2, 3};は間違いです。なぜならば、値の数は3（{1, 2, 3}で3つ）で、要素数の2よりも多いからです。

例1

配列を宣言し代入するプログラムを書いてみましょう。

223

プログラム

```c
1    #include <stdio.h>
2    int main(void)
3    {
4      int a[3];
5      a[0]=1;
6      a[1]=2;
7      a[2]=3;
8      printf("%d\n", a[1]);
9      return 0;
10   }
```

4行目で **int** a[3]と宣言されていますので、3つの箱が用意され、それぞれの箱はa[0]、a[1]、a[2]として使います。

5行目、6行目、7行目の代入文で、それぞれの箱に1、2、3を入れています。

4行目～7行目の配列宣言と代入文をまとめて、
int a[3]={1,2,3};
と初期化をすることができます。

8行目でa[1]の値を表示します。

もし存在していない箱に代入しようとするとエラーになります。例えば、a[3]はありませんので、a[3]=4; を処理しようとすると、エラーになるか、コンピュータの動作がおかしくなります。

レッスン29 配列

Webアプリのシミュレータを使ってみよう!

Webアプリの「実演1-0」では、「例1」のプログラム（前ページ）の動作確認を行えます。「実演1-1」では箱が5つの場合のプログラム、「実演1-2」では、用意していない箱に代入してエラーとなるプログラム、「実演1-3」では、配列の宣言時に初期化するプログラムの動作確認を、それぞれ行えます。

Cシミュレータでは、int a[3];と配列宣言をすると、「内部」にaと名付けられる箱と、a[ ]と名付けられる箱（3つの値を記憶できます）が表示されます。

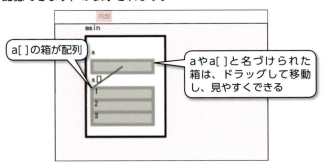

a[ ]と名付けられる箱が配列になります。aの箱と区別できるように、配列名には[ ]を追加しています。

[注意] aと名付けられる箱については、レッスン40の「ポインタと配列・文字列」で説明しますので、そのレッスンまではこの箱を無視してください。

例2

配列を用いたプログラムでは繰り返し処理が多く、for文やwhile文をよく用います。

プログラム

```
1   #include <stdio.h>
2   int main(void)
3   {
4     int a[3],i;
5     for (i=0;i<3;i++)
6       a[i]=i+1;
7     for (i=0;i<3;i++)
8       printf("%d\n", a[i]);
9     return 0;
10  }
```

5行目と**6行目**で、i番目の箱にi+1の値を代入します。
7行目と**8行目**で、a[0]、a[1]、a[2]の値を表示します。

Webアプリのシミュレータを使ってみよう！

Webアプリの「実演2-0」では、「例2」のプログラムの動作確認を行えます。「実演2-1」では、要素数が5つのプログラム、「実演2-2」では、配列の宣言時に初期化するプログラムの動作確認を行えます。

例3

配列は、計算式の左辺だけではなく、右辺にも用いることができます。

```c
#include <stdio.h>
int main(void)
{
  int a[3],i;
  a[0]=10;
  for (i=1; i<3; i++)
    a[i]=a[i-1]+1;
  for (i=0; i<3;i++)
    printf("%d\n", a[i]);
  return 0;
}
```

6行目~7行目で、i-1番目の箱の値に1を加えて、i番目の箱に代入しています。**6行目のfor**では、iを1から2まで変えていますので、**7行目**で

iが1のとき……a[1]=a[0]+1;

iが2のとき……a[2]=a[1]+1;

の計算をします。

> **Webアプリのシミュレータを使ってみよう!**

Webアプリの「実演3-0」では、「例3」のプログラム（前ページ）の動作確認を行えます。「実演3-1」では、要素数を5に変更して、動作確認を行えます。
また、「練習」では、配列の文を用いて、5つの箱に異なる数を代入したプログラムを書く練習を行えます。

30 マクロ

次の配列のプログラム（一部です）を考えてみましょう。

```
int a[3],i;
for (i=0; i<3; i++)
  a[i]=2*i+3;
for (i=0; i<3;i++)
  printf("%d¥n",a[i]);
```

要素数が5で同様の処理をするときは、2*i+3の3を除いて、すべての3を5に変更しなければなりません。

上は簡単なプログラムですので、修正はそれほど大変ではありませんが、大きいプログラムでは面倒な作業ですし、2*i+3の3を変更してしまうような間違いをするかも

しれません。例えば、次のようにできれば楽です。
```
int n=3,i;
int a[n];   （間違った例です）
for (i=1; i<n;i++)
   ……
```
　上記のように、要素数を変数nにして、配列要素数に関する数をnに置き換えられればいいのですが、C言語では、配列宣言の要素数に変数を用いることができません。

　ある数に名前を付けて、その名前をその数に自動的に読み替えることができれば、変数を使わず、わかりやすく修正しやすいプログラムを書くことができます。

　このレッスンでは、ある数に名前をつける方法について学習します。

define

　#defineは前処理部に書く命令で、次のように数に名前を付けることができます。

```
#define 名前    数
```

#define以降のプログラムで現れる「名前」はすべて「数」として取り扱います。

　上の「名前」はマクロ名と呼ばれることがあります。
　例えば、
```
#define ninzuu 100
```
とすれば、この#define以降にあるninzuuはすべて100と

して解釈されます。

　#defineで定義した「名前」は変数ではありませんので、名前に関連付けた数は変更できず、代入文の左辺には使えません。例えば、

#define ninzuu 100

としたとき、ninzuu=50;という代入文は間違いです。

　この#defineは文ではありませんので、#defineの末尾に;がないことに注意してください。もし間違って

#define ninzuu 100;

のようにしてしまいますと、ninzuuが100;として解釈されてしまいます。

例1

#defineを用いたプログラムを書いてみましょう。

プログラム

```
1    #include <stdio.h>
2    #define kosuu 3
3    int main(void)
4    {
5      int a[kosuu],i;
6      a[0]=10;
7      for (i=1; i<kosuu; i++)
8        a[i]=a[i-1]+1;
9      for (i=0; i<kosuu; i++)
```

```
10      printf("%d¥n", a[i]);
11      return 0;
12  }
```

2行目で、kosuuを3と読み替えるようにしています。

#defineも#includeも前処理部におきますが、この場合、どちらを先においてもかまわず、

#define kosuu 3
#include <stdio.h>

としても正しいプログラムです。

5行目、7行目、9行目のkosuuを3に読み替えればいいだけですので、プログラムの動作は理解できるはずです。

2行目で

#define kosuu 5

とするだけで、要素数を5にすることができます。

Webアプリの**シミュレータ**を使ってみよう！

Webアプリの「実演1-0」では、「例1」のプログラム（前ページ〜）の動作確認を行えます。「実演1-1」と「実演1-2」では、#defineの中の値をそれぞれ変更して、**動作確認を行えます。**

例 2

円周率に名前を付けたプログラムを書いてみましょう。

プログラム

```
1    #include <stdio.h>
2    #define PI 3.14159
3    int main(void)
4    {
5        int x=10;
6        printf("%f¥n", PI*x);
7        return 0;
8    }
```

2行目で、PIを3.14159に読み替えるようにしています。

3.14159は円周率πです。πの英語のつづりはpiですので、PIという名前を付けて、わかりやすくしています。

piのように名前は小文字でもいいのですが、普通の変数名と区別するために、このように大文字の名前をつける場合があります。

Webアプリの**シミュレータ**を使ってみよう！

Webアプリの「実演2」では、「例2」のプログラムの動作確認を行えます。また、「練習」では、#defineを用いてNを5に置き換えるプログラムを書く練習を行えます。

31 文字

　文字の取り扱い方を学習します。文字型変数の宣言方法、入力方法、表示方法について説明します。英文字、数字、および若干の記号について学習します。日本語文字の処理方法については入門レベルではありませんので、本書では説明しません。

文字

　コンピュータで取り扱えるように、英字（アルファベット）、数字、記号には番号がつけられています。番号によって文字を指定することになります。番号の付け方についてはいろいろな方法がありますが、ここではよく利用されるANSI（ASCII）で定められた方法について説明します。ANSIはAmerican National Standards Institute（米国規格協会）の頭文字で、標準化をすすめている団体です。

　ANSIの規格では、次ページの表のように各文字に番号をつけています。このような番号付けをASCIIコード（アスキーコード）といい、この表をASCIIコード表といいます（ASCIIはAmerican Standard Code for Information Interchangeの頭文字で、ASCII自体にコードの意味を含んでいます。重複するようですが、ASCIIの後にコードという言葉を付け加えて呼ばれてい

ASCII コード表

文字	番号
空白	32
!	33
"	34
#	35
$	36
%	37
&	38
'	39
(	40
)	41
*	42
+	43
,	44
-	45
.	46
/	47
0	48
1	49
2	50
3	51
4	52
5	53
6	54
7	55

文字	番号
8	56
9	57
:	58
;	59
<	60
=	61
>	62
?	63
@	64
A	65
B	66
C	67
D	68
E	69
F	70
G	71
H	72
I	73
J	74
K	75
L	76
M	77
N	78
O	79

文字	番号
P	80
Q	81
R	82
S	83
T	84
U	85
V	86
W	87
X	88
Y	89
Z	90
[	91
¥	92
]	93
^	94
_	95
`	96
a	97
b	98
c	99
d	100
e	101
f	102
g	103

文字	番号
h	104
i	105
j	106
k	107
l	108
m	109
n	110
o	111
p	112
q	113
r	114
s	115
t	116
u	117
v	118
w	119
x	120
y	121
z	122
{	123
|	124
}	125
~	126

ます)。

例えば、Aという文字には65の番号が付けられています。

文字型変数宣言等

●宣言

レッスン31 文字

　変数は数字だけではなく、文字も記憶することができます。変数に文字を記憶させるためには、文字の型（文字型）としてcharを用い、次のように変数宣言します。なお、**char**は予約語ですので、太字で表しています。

```
char 変数名;
```

●代入
　変数に文字を代入するには、次のように、その文字に割り当てられた番号を用いるか、それとも、'（一重引用符）で囲んだ文字を用います。

```
変数=番号;
```

あるいは

```
変数='文字';
```

　例えば、変数cを文字型として宣言し、「A」の文字を記憶させるには、ASCIIコードを使っている場合、文字Aの番号は65ですので、
char c;
c=65; あるいはc='A';
とします。

●表示・入力
　文字型変数を表示させるとき、printfで用いる出力書式指定には「%c」を用います。文字変数に文字をキー入力

するとき、scanfで用いる入力書式指定にも「%c」を用います。

例えば、変数xに文字を入力して、xが記憶している文字を表示するには、
scanf("%c", &x);
printf("%c", x);
とします。

拡張表記

cに文字Aを代入するには、c='A'のように、'で文字Aを囲います。

'も文字ですが、その文字をcに代入するためにc='''とはできません。'''のどれが文字を囲むための'であり、どれが文字の'なのかがわからないからです。

'を表すには、'の前に¥を付け、¥'とします。文字型変数cに'の文字を代入するには、¥'を'で囲って、c='¥''とします。なお、この記号はWindowsでは¥になり、MacやiOSでは＼（バックスラッシュ。Optionキーを押しながら、¥のキー）になりますが、本書では「¥」で説明を続けていきます。

このように表現しにくい文字を表す方法を拡張表記あるいはエスケープ・シーケンスといいます。

拡張表記には¥が使われますので、¥自身を表すには、¥¥のように¥を2つ並べます。

拡張表記のいくつかを次ページの表にまとめます。

レッスン31 文字

拡張表記	表す文字
¥'	'
¥"	" (2重引用符)
¥¥	¥
¥n	改行 (文字の番号10)
¥r	復帰 (文字の番号13)

詳細

Webアプリをチェック！

この項目は発展的な内容ですので、書籍では割愛します。興味のある方は、付録Webアプリをご覧ください。

例1

文字型変数を宣言・代入し、表示するプログラムを書いてみましょう。

プログラム

```
1  #include <stdio.h>
2  int main(void)
3  {
4      char a,b='A';
5      a=100;
6      printf("%c %c¥n", a, b);
```

```
7      return 0;
8  }
```

4行目で、**char**を用いてaとbの文字型の変数を宣言します。bを文字Aに初期化しています。

5行目でaに100を代入しています。ASCIIコードでは、100はdに振られている番号（234ページ）ですので、aの変数にはdの文字が代入されます。

6行目でaとbに記憶されている文字を表示します。画面には、

d A

と表示されます。printfでの書式に%cが使われていることに注意してください。

> **Webアプリのシミュレータを使ってみよう!**

Webアプリの「実演1-0」では、「例1」のプログラム（前ページ〜）の動作確認を行えます。「実演1-1」では、charの部分を変更したプログラムの動作確認を行えます。

例2

英小文字を英大文字に変換するプログラムを書いてみましょう。

レッスン31 文字

プログラム

```
1   #include <stdio.h>
2   int main(void)
3   {
4       char x='b';
5       if ('a' <=x && x <='z')
6           printf("%c¥n", x-'a'+'A');
7       else
8           printf("%c¥n", x);
9       return 0;
10  }
```

　変数xに代入されている文字が英小文字であれば、英大文字に変換するプログラムです。

　5行目で文字が小文字かどうかを判定しています。ASCIIコード表を見ればわかるように、小文字に割り振られている番号は連続していますので、**5行目**では、xが'a'から'z'の番号の範囲内にあることを調べています。

　xの文字が小文字であれば、**6行目**を処理します。ASCIIコード表（234ページ）をみると、'a'の番号は97で、'A'の番号は65です。2つの番号は32(='a'-'A')だけ離れています。他の文字も同様に、小文字と大文字の番号の差が32です。xからこの32を引けば、大文字の番号になります。**6行目**では、上で説明した計算

x-32　→　x-('a'-'A')　→　x-'a'+'A'

を行っています。

xの文字が小文字でなければ、**8行目**を処理し、xをそのまま表示します。

> **Webアプリのシミュレータを使ってみよう!**

Webアプリの「実演2-0」では、「例2」のプログラム（前ページ）の動作確認を行えます。「実演2-1」では、charの部分を変更したプログラムの動作確認を行えます。
また、「練習」では、xの文字がアルファベットならば「アルファベットです。」、数字ならば「数字です。」、それ以外ならば「アルファベットでも数字でもありません。」と表示させるプログラムを書く練習を行えます。

32 文字列

　文字を並べたものが文字列です。C言語プログラムでは、配列の要素を文字にして文字列を取り扱います。今までのレッスンでも、文字列を使っていましたが、特に説明はしていませんでした。
　このレッスンでは文字列について学習します。主に英数字（英字と数字）の文字列の取り扱いについて学習し、日本

語の文字列については説明しません。

文字列

● 文字列

文字を並べたものが文字列です。C言語プログラムでは、配列の要素を文字にして文字列を取り扱います。

● 空文字

ASCIIコードで番号0に割り当てられている文字を空文字、ヌル文字、あるいは、ナル文字と呼びます。空文字は'¥0'で表します。空文字は、特別の用途に使われます。

C言語では、文字列の最後に空文字を追加します。'¥0'を調べることにより文字列の長さ（文字数）がわかります。'¥0'の後に文字があっても、無視されます。

右図の配列は、ABCDの文字列を表しています。

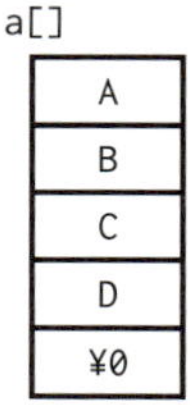

a[]

| A |
| B |
| C |
| D |
| ¥0 |

宣言

次のように、文字型の配列を宣言すれば、文字列を取り扱えます。

```
char 文字配列名[要素数];
```

要素数は実際入れたい文字数よりも大きくします。

例えば、

char moji[10];

とすれば、要素数が10の文字配列を宣言します。最後に空文字を入れる必要があるため、最大9文字から成る文字列を記憶できます。

char a[5];
a[0]='A';
a[1]='B';
a[2]='C';
a[3]='D';
a[4]='¥0';

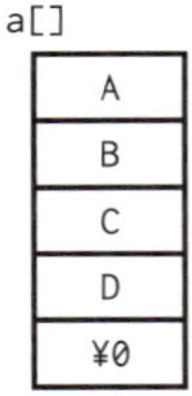

a[]
| A |
| B |
| C |
| D |
| ¥0 |

左のようにプログラムを書けば、図のような文字配列を作成できます。a[4]に空文字を入れていることに注意してください。

初期化

宣言時に、文字配列に文字列を設定する（初期化する）には、レッスン29「配列」で学んだように（222ページ）、次のようにします。

char 文字配列名[要素数m]={文字1, 文字2,……,文字n};

あるいは、次のように文字列を" "で囲みます。

char 文字配列名[要素数]="文字列";

文字列の最後に0を追加して配列に代入しますので、要素数は文字列の文字数よりも大きくします。要素数を省略すると、要素数は文字数+1に自動的に設定されます。+1は空文字分です。

次のようにプログラムを書けば、右下図のような文字配列を作成できます。いずれも同じように配列の初期化ができます。

```
char a[5]={'A', 'B', 'C', 'D', '\0'};
char a[5]="ABCD";
char a[ ]="ABCD";
```

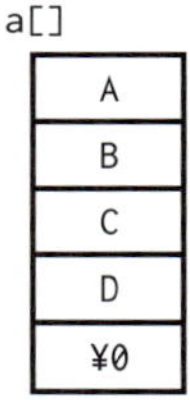

a[]

A
B
C
D
\0

代入

文字配列に文字列を代入するには、1文字ずつ配列の中に入れるように繰り返し処理を行います。例えば、**for**を使うと、次のようになります。

```
int i;
for (i=0;i<文字数;i++) 文字配列名[i]='i番目の文字';
```

whileを使ってもできます。注意したいのは、初期化の場合と異なり、文字配列名="文字列";としては**いけない**ことです。

入出力書式指定

● 出力書式指定

文字配列を表示させるとき、printfで用いる出力書式指

定には「%s」を用います。printfの変数の並びには、文字配列を並べます。

例えば、
printf("%s", a);
とすれば、文字配列aに記憶されている文字列を表示します。

●入力書式指定

文字配列に文字列をキー入力するとき、scanfで用いる入力書式指定にも「%s」を用います。scanfの変数の並びには文字配列を並べます。通常の変数の場合は、変数の前に&をつけますが、文字配列に文字列を入力するときは&をつけません。レッスン38の「ポインタ」(282ページ)で説明するように、&は、変数のアドレスを求めるためにつけるのですが、レッスン40の「ポインタと配列・文字列」(299ページ)で説明するように、配列名はその配列のアドレスを記憶しているので、文字配列には&をつけません。

例えば、
scanf("%s", a);
とすれば、文字配列aに文字列をキー入力します。

詳細

Webアプリをチェック！

この項目は発展的な内容ですので、書籍では割愛します。興味のある方は、付録Webアプリをご覧ください。

例1

それでは、**文字配列を宣言・代入し、表示する**プログラムを書いてみましょう。

プログラム

```
1   #include <stdio.h>
2   int main(void)
3   {
4       char a[3],b[7]="Hello!";
5       a[0]='A';
6       a[1]='b';
7       a[2]=0;
8       printf("%s %s¥n", a, b);
9       return 0;
10  }
```

4行目で、aとbの文字配列を宣言します。bを文字列Hello!に初期化しています。Hello!は6文字あり、最後に空文字を追加することを考慮すると、bの要素数は全部

で6+1=7以上にする必要があります。bの要素数7は省略することができます。

5行目〜6行目でaにAbの文字列を代入して、**7行目**で最後に0を追加しています。この0は空文字の値です。0の代わりに'¥0'ともできます。

8行目でaとbを表示します。画面には、
Ab Hello!
と表示されます。printfでの書式に%sが使われていることに注意してください。

もし**5行目〜7行目**でa[0]='A'; a[1]=0; a[2]='b';とすると、
A Hello!
と表示されます（a[2]は空文字の後にありますので、無視されてしまいます）。

Webアプリのシミュレータを使ってみよう！

Webアプリの「実演1-0」では、「例1」のプログラム（前ページ）の動作確認を行えます。「実演1-1」では、charの部分を変更したプログラムの動作確認を行えます。

例2

文字列中の英小文字を英大文字に変換するプログラムを書いてみましょう。

プログラム

```c
1   #include <stdio.h>
2   int main(void)
3   {
4       int i;
5       char a[7]="Hello!";
6       for (i=0;i<6;i++)
7           if ('a'<=a[i] && a[i]<='z')
8               a[i]+='A'-'a';
9       printf("%s\n", a);
10      return 0;
11  }
```

配列aの各要素に記憶されている文字が英小文字であれば、英大文字に変換するプログラムです。

6行目〜8行目のfor文で1文字ずつ処理しています。

7行目でa[i]の文字が小文字かどうかを判定しています。a[i]の文字が小文字であれば、**8行目**を処理し、大文字に変換します。

9行目で変換後の文字列を表示します。

> **Webアプリのシミュレータを使ってみよう！**

Webアプリの「実演2-0」では、「例2」のプログラム（前ページ）の動作確認を行えます。「実演2-1」では、大文字を小文字に変換するように変更したプログラムの動作確認を行えます。また、「練習」では、文字配列xに入っている文字列の文字数を表示するプログラムを書く練習を行えます。

33 実践練習：配列・文字列

このレッスンでは、配列を使った実践的なプログラムを作ります。

> **Webアプリのシミュレータを使ってみよう！**

Webアプリでは、「練習1」「練習2」「練習3」で、繰り返しを使ったプログラムを書く練習を行えます。「練習1」では、配列を宣言し、初期化し、その値の合計を求めるプログラムを書く練習を行えます。「練習2」では、配列を宣言・初期化し、それらの中で最大の値を求めるプログラムを書く練習を行えます。「練習3」では、文字配列xに入っている文字列を整数型の変数yに変換し、表示するプログラムを書く練習を行えます。

34 関数(その1)

　大きいプログラムになると、同じような処理が何度も必要になる場合が多くなります。その処理を何度も書くことはできますが、もしその処理を修正するとなると、すべて同じ部分を修正しなければならず、大変な作業です。
　C言語では、同じ処理をする部分をまとめることができます。それを関数といいます。
　このレッスンでは関数について学習します。

関数

　同じ一連の処理を何度も行うことがあります。その一連の処理をまとめることができれば、プログラム作成は楽になります。一連の処理に名前をつけて、その処理が必要なたびごと、その名前を用いればいいのです。
　次ページの図では、左のプログラムの同一処理（■）を、右のようにまとめて、同一部分名で利用しています。このように、一連の処理をまとめたものを関数といいます。関数の名前とその処理内容を記述することを関数定義といい、その関数を利用することを関数呼び出しといいます。

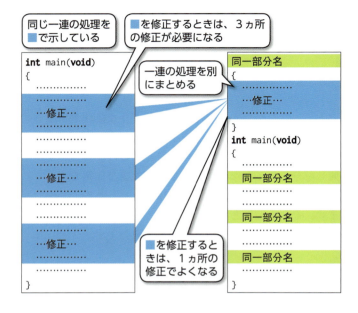

関数定義

一連の処理（文の並び）をまとめ、名前をつける（関数定義をする）には次のようにします。

```
void 関数名(void)
{
    一連の処理
}
```

すなわち、**void**の次に関数名を書き、さらに**void**を( )

でくくって続けます。それから、一連の処理を{ }でくくります。この**void**の意味はレッスン35「関数（その２）」(259ページ) で説明します。

　関数名の付け方は変数と同様です。すなわち、英字あるいはアンダーバーで始まる、英字、数字、アンダーバーから成る名前です。予約語は関数名には使えません。

　この書き方は見たことがないでしょうか？　そうです。今まで何度も使ってきたmain関数もこのような形式をしていました。main関数は最初に処理される関数であることが違うだけです。

　関数定義の例を挙げます。

```
void welcome(void)
{
  printf("Hello!\n");
  printf("Welcome!\n");
}
```

は、２つのprintf処理をまとめて、welcomeという名前を付けています。

関数呼び出し

　関数を使う（関数を呼び出す）には、次のように、関数名の後に( )を続けます。末尾に;をつけて文にしています。

関数名( );

簡単な例を挙げましょう。

```c
void welcome(void)
{
  printf("Hello!\n");
  printf("Welcome!\n");
}
```

と関数定義されていれば、

```c
#include <stdio.h>
int main(void)
{
  welcome();
  return 0;
}
```

のように、welcome関数が使えます。

関数原型

　main関数内で関数を呼び出す時、呼び出す前にその関数がどのような関数かが明らかになっていなければなりません。次のように、明らかにする方法は2つあります。

1．main関数の前に関数定義を書きます。
2．**void** 関数名(**void**); をmain関数の前に書き、関数の定義をmain関数の後に書きます。

レッスン34 関数（その1）

2番目のようにmain関数の前に関数の形だけを記述することを**関数原型宣言**あるいは**関数プロトタイプ宣言**といいます。

簡単な例を下に挙げましょう。main関数内でwelcome関数を呼び出しています。`void welcome(void);`が関数原型宣言です。

1. main関数の前に関数定義	2. 関数原型宣言とmain関数後の関数定義
```c#include <stdio.h>void welcome(void){ printf("Welcome!\n");}int main(void){ welcome( ); return 0;}```	```c#include <stdio.h>void welcome(void);int main(void){ welcome( ); return 0;}void welcome(void){ printf("Welcome!\n");}```

図解

Webアプリをチェック！

Webアプリの「図解」にある動く図で、関数にまとめないプログラムと、関数にまとめたプログラムの処理順序を見てみましょう。

インクルード

今まで使ってきたmain、printf、scanfはすべて関数です。printfとscanfはC言語のシステムがあらかじめ用意している関数で、ライブラリ関数といいます。ライブラリ関数のいくつかは、レッスン37「ライブラリ」（276ページ）で新たに説明します。

ライブラリ関数の定義は自分で書く必要はありませんが、関数原型宣言は必要です。しかし、今まで、printfやscanfの関数原型宣言は書いていませんでした。

printfやscanfの関数原型宣言はstdio.hというファイルに記述されています。このようなファイルをヘッダファイルといいます。ヘッダファイルをプログラムに取り込めば、printfの関数原型宣言ができます。ヘッダファイルを取り込むために、前処理部に次のような#include指令を書きます。

```
#include <ヘッダファイル名>
```

レッスン34 関数(その1)

　C言語は原則的に自由形式ですが、#include指令は1行に書かなければならず、他の文を入れてもいけません。
　なお、main関数は、どのプログラムでも必ずなければならない、特別な関数ですので、関数原型宣言を必要としていません。

例1

「花子様、1等に当選されました。おめでとうございます。」と「太郎様、2等に当選されました。おめでとうございます。」と表示しましょう。「に当選されました。おめでとうございます。」の部分が同じです。**同じ文字列の表示部分を関数にしてみましょう。**

プログラム

```
1   #include <stdio.h>
2   void congrats(void)
3   {
4     printf("に当選されました。\n");
5     printf("おめでとうございます。\n\n");
6   }
7   int main(void)
8   {
9     printf("花子様、1等");
10    congrats();
11    printf("太郎様、2等");
```

```
12      congrats();
13      return 0;
14  }
```

2行目〜6行目で、「に当選されました。おめでとうございます。」(途中と最後に改行あり) と表示する関数を定義しています。この関数の名前をcongratsとしています。

関数は**10行目**と**12行目**で利用しています。

プログラムはまずmain関数から処理されます。**9行目**で「花子様、1等」と表示します。次に**10行目**が処理されますが、そこに記述しているcongrats関数は**2行目〜6行目**で定義されていますので、処理は**2行目**に移ります。順に、**6行目**まで処理され、「に当選されました。おめでとうございます。」と表示されます。**6行目**でcongrats関数の処理が終わり、**10行目**の処理も終わります。

同様に、**11行目**と**12行目**を処理すると、「太郎様、2等に当選されました。おめでとうございます。」と表示されます。

流れ図

次ページの表に関数呼び出しの図記号を示します。

レッスン34 関数（その1）

流れ図の記号（規格番号：JIS X 0121）

図	名前	意味
▭	定義済み処理	図記号の中に呼び出す関数名を書きます。

　流れ図は、次ページの例のように関数ごとに書きます。関数定義の始めと終りは端子記号を使って表します。

Webアプリのシミュレータを使ってみよう！

Webアプリの「実演1-0」では、「例1」のプログラム（255～256ページ）の動作確認を行えます。「実演1-1」では、関数名を変更したプログラム、「実演1-2」では、main関数に2行追加したプログラム、「実演1-3」では、関数原型宣言を用いたプログラムの動作確認を、それぞれ行えます。

「練習」では、関数を定義し、定義した関数をmain関数から呼び出すプログラムを書く練習を行えます。

なお、Cシミュレータでは、congrats関数が定義されたプログラムを実行すると、「内部」に2つの関数（congratsとmain）の枠が表示されます。

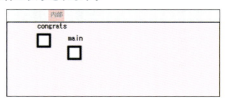

関数の処理手順の図式化(255〜256ページの「流れ図」)

プログラム	流れ図
| ```c
#include <stdio.h>

void congrats(void)
{
    printf("に当選されました。\n");
    printf("おめでとうございます。\n\n");
}

int main(void)
{
    printf("花子様、1等");
    congrats();
    printf("太郎様、2等");
    congrats();
    return 0;
}
``` | 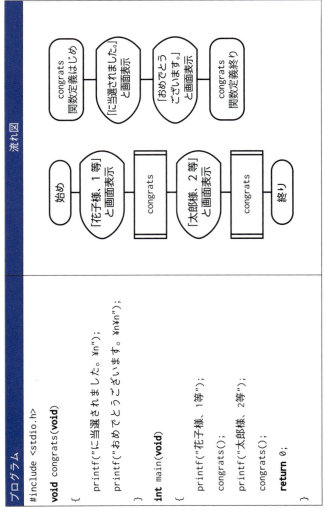 |

258
```

35 関数（その2）

　関数に値を渡したり、関数の計算結果を得ることもできます。関数に渡される値を引数といい、関数から渡される値を戻り値といいます。このレッスンでは引数と戻り値について学習します。

引数

●引数

　一連の処理をまとめるだけでは用途が限られてしまいますが、関数では値を受け取り、その値を使った処理もできますので、幅広い使い方ができます。関数に渡される値を引数といいます。

●関数定義

　関数定義で、渡される引数の型と名前を指定します。複数の引数を渡すときは、それらを「,」で区切ります。下は2つの引数が渡される関数の書き方です。

```
void 関数名(型1 引数1の名前, 型2 引数2の名前)
{
    一連の処理
```

```
}
```

　関数内では、渡された値を直接使うのではなく、引数の名前（引数名）を使って処理をします。

　引数がないときは、**void**を使って、「関数名(**void**)」とします。今までmain関数には引数を使いませんでしたので、main(**void**)と書いていたわけです。

●関数呼び出し

　関数呼び出しでは、関数名の後の( )中に引数を書き、値を関数に渡します。次は2つの引数を渡す書き方です。

```
関数名(値1, 値2);
```

　引数がないときは、( )の中に何も記入しません。

●仮引数と実引数

　関数定義で値を渡される引数を仮引数、関数呼び出しで値を渡す引数を実引数と呼んでいます。仮引数に用いる名前と実引数に用いる名前を同じにする必要はありません。

●例

　簡単な例を挙げましょう。整数を表示するdisplay関数とそれを利用するmain関数です。「10」と表示されます。

```
#include <stdio.h>
void display(int a)
{
```

```
  printf("%d¥n",a);
}
int main(void)
{
  display(10);
  return 0;
}
```

aが仮引数、10が実引数です。**int** x=10; display(x)のように実引数に変数を用いることもできます。

実引数の個数と仮引数の個数は等しくしなければなりません。上の例のdisplay関数では、仮引数の個数は1つですので、display(10)のように実引数の個数も1つでなければなりません。display(10,20)やdisplay( )とするのは間違いです。

例1

2つの引数を関数に渡し、加算結果を表示します。

プログラム

```
1   #include <stdio.h>
2   void add(int a, int b)
3   {
4     printf("%d+%d=%d¥n", a,b,a+b);
5   }
6   int main(void)
7   {
```

```
8      int x=10,y=20;
9      add(x,y);
10     return 0;
11  }
```

2行目～5行目で2つの引数が渡される関数addを定義しています。引数の型はintであり、1番目の引数の名前はaで、2番目の引数の名前はbです。aとbを使って、**4行目で加算結果を表示します。**

9行目で、xとyの値を関数に渡しています。

このプログラムでは、仮引数の名前としてaとbを使っています。実引数の名前としてxとyを使っています。このように、違う名前を使ってかまいません。実引数をxとyにせずにaとbにして、同じ名前でもかまいません。

Webアプリのシミュレータを使ってみよう！

Webアプリの「実演1-0」では、「例1」のプログラム（前ページ～）の動作確認を行えます。「実演1-1」では、実引数の名前を変更したプログラム、「実演1-2」では、仮引数の名前を変更したプログラム、「実演1-3」では、関数原型宣言を用いたプログラムの動作確認を、それぞれ行えます。

値を返す

関数は値を返すこともできます。その値を戻り値あるい

レッスン35 関数（その2）

は返却値といいます。関数 f(**void**) が整数の値を返す場合、y=f( ); とすれば、関数 f が返す値を y に代入できます。

● 関数定義

関数の定義で、関数名の前に戻り値の型を指定します。下は引数が2つの場合の関数宣言の例です。

```
型　関数名(型1　引数1の名前, 型2　引数2の名前)
{
    一連の処理
}
```

返す値がないときは、型に **void** を使います。これで、今まで使ってきた main 関数の **int** main(**void**) の意味が理解できたことでしょう。**int** main(**void**) は、引数がなく、整数値を返すことを示します。

● return文

値を返すためには次のように return 文を用います。**return** の後に戻り値を書きます。**return** は予約語ですので、太字で表しています。

```
return 戻り値;
```

return 文を処理すると、関数の処理を終えます。**return** 文は関数内に複数入れることができます。戻り値がないときは、**return**; だけを書きます。戻り値がなく **return** 文もないときは、関数の終りの } に到達すると関

数の処理を終えます。

main関数では正しく関数が終了すれば0を返すことが多く、今まで**return** 0; と書いていました。

関数定義での型と戻り値の型が同じでなければ、自動的に戻り値が関数定義での型に変換されます。例えば、**int f(int x) {…… return** 2.5; **}**のとき、戻り値2.5は実数で、関数の型は**int**ですので、2.5が整数2に変換されて、2が返されます。

● 例

簡単な例を挙げましょう。引数を10倍し、その結果を返す関数fは次のように書くことができます。

```
int f(int x)
{
  return 10*x;
}
```

関数が返す数は整数なので、**int**型にしています。

関数は処理機構

関数は呼び出し側から引数を渡され、呼び出し側に戻り値を返します。すなわち、関数は、次ページの図のように、引数を処理してその結果を呼び出し側に返す、処理機構とみなすことができます。

レッスン35 関数(その2)

2つの引数の和を返す関数は下図のようにみなすことができます。

例：`int sum(int x, int y){ return x+y;}`

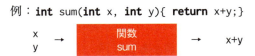

関数を分類

引数は関数に渡される値、戻り値は関数が返す値です。引数があるかないか、戻り値があるかないかで関数を分類することができます。

●引数がなく、戻り値もない例
```
void hello(void)
{
  printf("Hello¥n");
}
```

void hello(void) の最初の**void**で戻り値がないこと、2番目の**void**で引数がないことがわかります。

●引数があり、戻り値がない例

```
void triple(int a)
{
  printf("3倍 %d¥n", 3*a);
}
```

　void triple(int a) の **void** で戻り値がないこと、( ) の中の **int** で整数の引数があることがわかります。

●引数がなく、戻り値がある例
```
int pi(void)
{
  return 3.14159;
}
```

　int pi(void) の **int** で整数の戻り値があること、**void** で引数がないことがわかります。

●引数があり、戻り値もある例
```
int sum(int a, int b)
{
  return a+b;
}
```

　int sum(int a, int b) の最初の **int** で整数の戻り値があること、( ) の中に **int** が2つあり、2つの引数があることがわかります。

例2

2つの引数を関数に渡し、加算結果を戻すプログラムを書いてみましょう。

プログラム

```
1   #include <stdio.h>
2   int add(int a, int b)
3   {
4     return a+b;
5   }
6   int main(void)
7   {
8     int x=10,y=20;
9     printf("%d\n", add(x,y));
10    return 0;
11  }
```

2行目～5行目で2つの引数が渡される関数addを定義しています。戻す型はintですので、関数名のaddの前に、**int**を書きます。**4行目**でa+bの計算結果を戻します。

> **Webアプリのシミュレータを使ってみよう!**

Webアプリの「実演2-0」では、「例2」のプログラム(前ページ)の動作確認を行えます。「実演2-1」では、関数の型を実数型に変更したプログラム、「実演2-2」では、3つの数の総計を返すように変更したプログラム、「実演2-3」では、2つの数の除を返すようにし、y=2としたプログラム、「実演2-4」では、2つの数の除を返すようにし、y=0としたプログラムの動作確認を行えます。

有効範囲

　関数の仮引数や関数内で宣言された変数が通用する範囲は、宣言された位置からその関数の最後までです。この範囲を有効範囲、あるいは、スコープと呼びます。

　例えば、以下の図では、f関数の仮引数xと変数aとbの有効範囲はf関数内です。main関数の変数x、y、aの有効

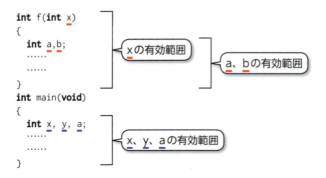

レッスン35　関数(その2)

範囲は main 関数内です。a と x は同じ名前になっていますが、有効範囲が異なるため、混同して使われることはありません。

変数の有効範囲が関数内に限られていますので、他の関数で使われている変数を考慮せずに、気楽に自分が使いたい変数名でプログラムを書くことができます。

複数の人と共同でプログラムを作成しているとし、それぞれの人の担当する関数が決まっているとしましょう。他の人がどのような変数を使っているのかを考慮しなくてもよいので、プログラム作成が効率的にできます。

例3

有効範囲を確認するプログラムを書いてみましょう。

プログラム

```
1   #include <stdio.h>
2   int add(int a, int b)
3   {
4       int y;
5       y=a+b;
6       return y;
7   }
8   int main(void)
9   {
10      int a=10,y=20;
```

```
11      printf("%d¥n",add(a,y));
12      return 0;
13  }
```

2行目〜7行目で2つの引数が渡される関数addを定義しています。仮引数aとbの有効範囲は**7行目**までです。

4行目で変数yを宣言しています。このyの有効範囲は**7行目**までです。

10行目でaとyを宣言しています。10行目のaとyの有効範囲は**13行目**までです。

Webアプリのシミュレータを使ってみよう！

Webアプリの「実演3」では、「例3」のプログラム（前ページ〜）の動作確認を行えます。
また、「練習」では、課題に示す処理を行える関数を作るプログラムを書く練習を行えます。

36 再帰

関数定義の中で自分自身の関数を利用することができま

す。このような処理を再帰処理といいます。

このレッスンでは関数の再帰処理について学習します。

再帰

関数の中でその関数自身を呼び出すことを再帰的呼び出しと呼び、再帰処理をする関数を再帰的関数と呼びます。

注意する点は、再帰的関数は必ず終了するように関数を作成するということです。例えば、次の関数fは再帰的関数ですが、終了しません。

```
int f(int a)
{
  int b;
  b=f(a);
  return b+1;
}
```

なぜ終了しないかはすぐ理解できるでしょう。例えば、f(1)でこの関数を呼び出すと、この関数の中でf(1)を呼び出し、さらにこの関数の中でf(1)を呼び出し、……と永遠にf(1)を呼び出しつづけるためです。

一方、次の関数は終了します。

```
int f(int a)
{
  if (a<=0) return 0;
  else return f(a-1);
}
```

この関数では、もしaが0以下の場合は**return** 0で終了します。aが正の場合でも、aの値をひとつ減らしてfを呼んでいるため、いつかは関数内でf(0)を呼ぶことになり、終了します。

例1

整数nを与えて、**1からnまでの総和（1+2+3+…+n）** を求めます。f(n)を1からnまでの総和を求める関数としますと、f(n-1)は1からn-1までの総和(f(n-1)=1+2+3+…+(n-1))になりますから、数学的には
f(n) = 1+2+3+…+(n-1)+n = f(n-1)+n
が成り立ちます。f(n)を計算するのにf(n-1)+nを計算し、自分自身を使いますので、再帰的関数として表せます。ただ、このままでは終了しませんので、f(0)=0とすることにします。

プログラム

```
1   #include <stdio.h>
2   int f(int n)
3   {
4     int y;
5     if (n<=0) return 0;
6     y=f(n-1);
7     return y+n;
8   }
```

```
 9    int main(void)
10    {
11      printf("%d¥n",f(3));
12      return 0;
13    }
```

2行目～8行目で、関数fを定義しています。5行目で引数のnが0以下の場合は総和を0として、0を返します。nが1以上の場合は、6行目～7行目でf(n-1)+nを計算し、返します。

変数yを使わず、さらにifの代わりにif～elseを使って、

if (n<=0) **return** 0;
else return f(n-1)+n;

ともできますが、シミュレータでの動作確認がしやすいので、前ページの書き方にしています。

11行目でf(3)を呼び出していますので、関数fが繰り返し処理され、1+2+3が計算されて、6が表示されます。

Webアプリのシミュレータを使ってみよう!

Webアプリの「実演1-0」では、「例1」のプログラム(272～273ページ)の動作確認を行えます。「実演1-1」では、関数fをより簡潔に定義したプログラム、「実演1-2」では、f(3)をf(4)に変更したプログラムの動作確認を、それぞれ行えます。

なお、Cシミュレータでは、関数が再帰的に呼び出されると、「内部」では、関数のコピーが「f#1」のように、関数名の後に「#」とコピー番号を付けて表示されます。

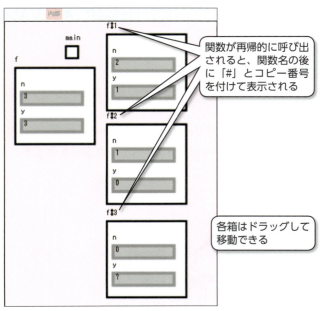

関数が再帰的に呼び出されると、関数名の後に「#」とコピー番号を付けて表示される

各箱はドラッグして移動できる

例2

フィボナッチ数列のn番目の数を求める関数を書いてみましょう。**フィボナッチ数列**とは、「1、1」から始まり、それ以降は直前の2つの数の和とする数の並びです。すなわち、「1、1」の次は1と1の和の2、その次は直前の2つの数である1と2の和の3、その次は2と3の和である5となります。1, 1, 2, 3, 5, 8, 13, ……と続いていきます。

プログラム

```c
1  #include <stdio.h>
2  int fib(int n)
3  {
4      if (n<=2) return 1;
5      else return fib(n-2)+fib(n-1);
6  }
7  int main(void)
8  {
9      printf("%d\n",fib(4));
10     return 0;
11 }
```

2行目~6行目でフィボナッチ数列のn番目の数を求める関数fib(n)を定義しています。引数nが2以下の場合は1を返します。3以上の場合は、直前の2つの数であるf(n-2)とf(n-1)を求め、それらの和を計算し、返します。

9行目でフィボナッチ数列の4番目の数を表示します。

> **Webアプリのシミュレータを使ってみよう!**

Webアプリの「実演2-0」では、「例2」のプログラム(前ページ)の動作確認を行えます。「実演2-1」と「実演2-2」では、fib(4)の値を変更したプログラムの動作確認を、それぞれ行えます。
また、「練習」では、階乗を計算する再帰的関数を作るプログラムを書く練習を行えます。

37 ライブラリ

　よく使われる関数があらかじめ準備されていれば、便利です。C言語では、多くの便利な関数が用意されています。あらかじめ用意されている関数を**ライブラリ関数**といいます。みなさんはすでにライブラリ関数を利用しています。printfやscanfはライブラリ関数です。
　このレッスンではprintfやscanf以外のいくつかのライブラリ関数について学習します。

puts関数

puts関数は文字列を表示し改行するライブラリ関数です。puts関数は次のように定義されています。

int puts(文字列)

正しく文字列が表示されたときは、戻り値が負でない数になります。正しく表示できなかったときは、EOFを戻します。EOFは
#define EOF -1
と定義されていることが多いため、多くの場合-1と同じとみなしてかまいません。

puts関数を使うには、前処理部に
#include <stdio.h>
を入れます。

例1

puts関数を用いたプログラムを書いてみましょう。

プログラム
```
1   #include <stdio.h>
2   int main(void)
3   {
4       puts("こんにちは。\n");
5       printf("%d\n", puts("Hello!"));
```

```
6    return 0;
7  }
```

プログラムではputsとprintf関数を使っていますので、**1行目**でstdio.hをインクルードしています。

4行目で、「こんにちは。」と表示し、改行します。**5行目**のputs("Hello!")で「Hello!」と表示して改行し、puts関数の戻り値をprintfで表示します。正しく表示されていれば、戻り値は負でない数になっているはずです。

Cシミュレータでは、puts関数の戻り値はputsで表示した文字の数にしています。そのため、このプログラムをCシミュレータで実行すると、**5行目**のprintfで6を表示します。

Webアプリのシミュレータを使ってみよう！

Webアプリの「実演1」では、「例1」のプログラム（前ページ〜）の動作確認を行えます。

atoi関数

atoi関数は文字列を整数に変換するライブラリ関数です。atoi関数は次のように定義されています。

`int atoi(文字列)`

atoi関数は、渡された文字列を数字として解釈し、整数

値を返します。文字列が整数値に変換できないときは、戻り値として0を返します。

atoi関数を使うには、前処理部に
#include <stdlib.h>
を入れます。

例2

atoi関数を用いたプログラムを書いてみましょう。

プログラム

```c
1  #include <stdio.h>
2  #include <stdlib.h>
3  int main(void)
4  {
5      int x;
6      x=atoi("120");
7      printf("%d\n",x);
8      return 0;
9  }
```

atoi関数を使いますので、**2行目**でstdlib.hをインクルードしています。ヘッダファイルのインクルード順序に決まりはありませんので、**1行目と2行目**を
#include <stdlib.h>
#include <stdio.h>
としてもかまいません。

6行目で、文字列"120"を整数に変換して、変数xに代入します。7行目では、xの値を表示します。

> **Webアプリのシミュレータを使ってみよう!**

Webアプリの「実演2-0」では、「例2」のプログラム（前ページ）の動作確認を行えます。「実演2-1」では、atoi関数で整数値に変換できないプログラムの動作確認を行えます。

乱数

C言語には乱数を発生させるライブラリ関数が用意されています。乱数とは、さいころの目のようにでたらめに出る数のことです。ここでは、乱数を発生させるrand関数、乱数の初期値を設定するsrand関数、乱数の初期値に使うtime関数を説明します。

まず、乱数を発生させるrand関数は次のように定義されています。

```
int rand(void)
```

rand関数は0からRAND_MAXまでの範囲にある乱数を返します。Cシミュレータでは、RAND_MAXは32767と定義しています。rand関数を使うには、前処理部に
#include <stdlib.h>
を入れます。

rand関数を使う前に、srand関数を用いて乱数の初期値

を設定します。srand関数は次のように定義されています。

void srand(**int** seed)

seedは乱数を発生させるための初期値です。srand関数を使うには、前処理部に
#include <stdlib.h>
を入れます。

このレッスンでは、現在の時刻を返すtime関数を用いて、time(0)としてseedに渡すことにします。time関数を使うには、前処理部に
#include <time.h>
を入れます。

例3

乱数の関数を用いたプログラムを書いてみましょう。

プログラム

```
1  #include <stdio.h>
2  #include <stdlib.h>
3  #include <time.h>
4  int main(void)
5  {
6    int i;
7    srand(time(0));
8    for (i=0;i<5;i++)
9      printf("%d\n",rand());
```

```
10      return 0;
11  }
```

7行目で、乱数発生の初期化をしています。8行目〜9行目のfor文では、rand関数を用いて5個の乱数を表示しています。7行目で、time関数を用いて乱数発生の初期化を行っていますので、このプログラムを実行する時刻が異なれば、初期化も異なるため、違う乱数が発生します。

Webアプリのシミュレータを使ってみよう!

Webアプリの「実演3」では、「例3」のプログラム(前ページ〜)の動作確認を行えます。
また、「練習」では、sqrt関数を用いて平方根を計算するプログラムを書く練習を行えます。

38 ポインタ

変数には値を記憶することができ、今まで便利に利用してきました。記憶場所に名前を付けて、その名前(変数名)を介して値を利用しました。

レッスン38 ポインタ

　記憶場所を直接使うと便利なことがあります。記憶場所を直接利用する手段として、C言語ではポインタが用意されています。ポインタを使うと、記憶内容を直接操作できるようになり、柔軟なプログラムが書けるようになります。このレッスンではポインタについて学習します。

ポインタ

　コンピュータで処理しようとするデータは、下図のように、まずメインメモリ（主記憶）に読み込まれます。レッスン6の「2・8・10・16進数」（84ページ）で説明したように、コンピュータの中ではデータは0と1で表されます。

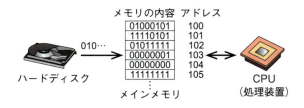

　メインメモリにはたくさんのデータを記憶することができますので、それらのデータを区別するために、メモリ内のデータ位置を使います。その位置は連続した番号で示されていて、この番号をアドレスあるいは番地と呼んでいます。図では、100から105までのアドレスが示されています。私たちやコンピュータは、データを処理するために、データが記憶されているアドレスを指定すればいいので

す。

　ポインタはデータのアドレスを記憶している変数で、ポインタを使えば、そのアドレスにあるデータを処理できます。例えば、ポインタの内容（ポインタが記憶しているアドレス）が10000であれば、そのポインタによってメインメモリの10000番地にあるデータを処理できます。内容が5000のポインタは、メインメモリの5000番地にあるデータを示します。

　ポインタは、記憶しているアドレスにあるデータを指し示しています。ポインタは英語で書きますとpointerです。pointerには黒板やスクリーンを指す指示棒の意味があります。いかにも、ポインタはデータを指し示していることを表しています。データはどのアドレスに記憶されていてもいいので、ポインタに記憶されているアドレス自体はあまり重要ではなく、なによりもポインタが指し示しているデータが重要です。

　ポインタは変数であり、その記憶している値を変更できますので、処理するデータのアドレスを自由に設定したり、変更したりできることになります。

宣言

　Windows 7／8／10のパソコンでは、メモリはバイト単位でアドレスが付けられています。1バイトは8ビットです。ビットについては、レッスン6の「2・8・10・16進数」で説明しました（86ページ）。

レッスン38 ポインタ

　データの型が違うと、記憶するために必要な領域が異なります。例えば、Cシミュレータでは、整数型（int型）のデータは32ビット（4バイト）の領域が必要で、実数型（double型）のデータは64ビット（8バイト）の領域が必要です。

　ポインタはそれぞれの先頭バイトのアドレスを記憶しています。そのため、ポインタがどういうデータを指しているかを明らかにしておかないと、その先頭バイトから何バイトまでがデータかわかりません。ポインタが記憶しているアドレスにあるデータはどのような型かを指定できるようになっていなければなりません（なお、ビットやバイトはデータの大きさを表す単位です）。

　ある名前をポインタとして使用することを宣言します。その宣言では、上述のように、ポインタが記憶しているアドレスにはどのような型のデータがあるかを指定できなければなりません。ポインタの宣言は次のようにします。

型 *ポインタ名;

あるいは

型* ポインタ名;

　今までの宣言と違うのは、型の後に*を付加していることだけです。*は掛け算にも用いる記号ですので（68ページ）、混同しないように注意してください。

　ポインタ名（ポインタの名前）は、通常の変数名と同様に付けます。すなわち、ポインタ名は英字かアンダーバーで

始まり、英数字とアンダーバーから成ります。

ポインタ名をpとするとき、int型のデータのアドレスを記憶するポインタでは **int** *pと宣言します。char型の場合は、**char** *pと宣言します。

参照

ポインタが記憶しているアドレスにあるデータは、次のように、ポインタ名の前に*を加えて表します。

*ポインタ名

例えば、*pはpが記憶しているアドレスにあるデータを表します。

もしpが **int** *p; で宣言されていれば、*pは整数です。pの内容が500のときは、*pは500番地からはじまる4バイト（4バイトは、付録WebアプリのCシミュレータの場合です。システムによってはバイト数が異なります）が表す整数になります。

アドレス演算子

ポインタでない変数があり、その記憶場所（アドレス）を知りたいときは、次のように、その変数の前に&を付けます。この&はその後ろに続く変数のアドレスを返す演算子で、単項&演算子あるいはアドレス演算子といいます。

> &変数名

例えば、&nはnのアドレスを表します。この&はscanfですでに使っています。

ポインタとデータの関係

ポインタとそれが指しているデータの関係を図で表してみましょう。例えば、下図のようになります。

ポインタはpと表し、指しているデータは灰色で表しています。図では、箱1つの大きさが1バイトの領域です。

ポインタはアドレスを記憶していますので、そのアドレスを保持できるだけの領域がメモリ内に割り当てられます。32ビット版のWindowsではアドレスは4バイトで表されますので、ポインタのために確保される領域の大きさは4バイトです。

ポインタ変数pの内容は4084番地からはじまる4バイトに入っています。その中には4096が入っていますので、先頭番地が4096のデータを指していることになります。図では、ポインタは8バイト（例えばdouble型）のデータを指しています。

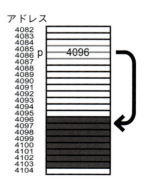

右図は煩雑ですので、簡潔

に次の図のように表すことにしましょう。

これは、ポインタpと**double**型変数の関係を示している図です。ポインタからデータを指していることを→で表しています。

double型変数の名前をxとしましょう。pにはxのアドレスが入っていますので、pの中にはxのアドレス&xが記憶されているはずです。*pはpが指す先ですので、この場合、*pとxは同一になります。p、x、&x、*pの関係を次の図に示します。

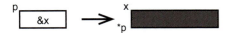

例1

ポインタを宣言し、記憶しているアドレスにある値を表示しましょう。

プログラム
```
1   #include <stdio.h>
2   int main(void)
3   {
4     int *p, x;
5     x=100;
6     p=&x;
```

```
7      printf("%d\n",*p);
8      x=-1;
9      printf("%d\n",*p);
10     return 0;
11   }
```

4行目の宣言は、`int *p; int x;` と書き直せます（`int *x`ではないことに注意してください）。int型のデータのアドレスを記憶するポインタpと、int型の変数xを宣言しています。

4行目の宣言では、*の位置をintの直後にして、`int* p,x;` ともできます。

5行目でxに100を代入します。6行目でpに変数xのアドレスを代入します。これにより、*pでxを表せることになります。7行目で、その値を表示します。8行目でxに-1を代入します。9行目で*pの値を表示します。今度は、新しいxの値が表示されます。このように、pの値を変更していませんが、pが記憶している場所の内容を変更していますので、*pの値が変化するのです。

シミュレータでは、`int *p,x;` の場合と、`int x,*p;` の場合とでは、xのアドレスが異なりますので、pに記憶されるアドレスは異なりますが、そのアドレスに入っている値は同じなので、*pは同じです。

Webアプリのシミュレータを使ってみよう！

Webアプリの「実演1-0」では、「例1」のプログラム（288〜289ページ）の動作確認を行えます。「実演1-1」〜「実演1-3」では、intの宣言内容を変更したプログラムの動作確認を行えます。

なお、Cシミュレータでは、「例1」のプログラムの4〜8行目を実行すると、「内部」は下図のように表示されます。p=&xにより、変数xのアドレスがpに代入され、ポインタpが変数xの領域を指します。

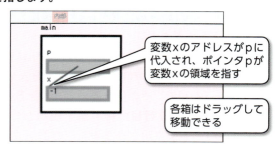

代入

ポインタ間の代入を行った場合どうなるでしょうか？例えば、pとqが **int *p,*q;** で宣言されているとき、q=pを実行するとどうなるでしょう？

q=pを実行すると、pの内容がqに代入されます。pにはあるデータのアドレスが入っていますので、qにもそのアドレスが入ることになります。すなわち、pが指してい

る領域をqも指すようになり、*pと*qは同じ領域を参照します。下図を参照してください。

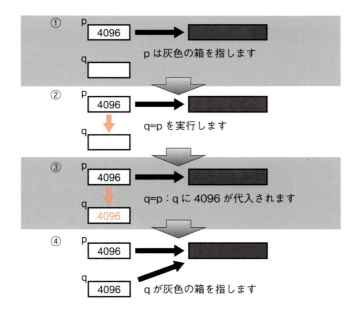

　ポインタの代入を行うときは、左辺と右辺の型に注意する必要があります。例えば、`int *p; char *q;` と宣言されているとき、q=pは、意図的に行う場合を除いて、正しくありません。なぜならば、q=pを実行すると、参照するアドレスは同じになりますが、そのアドレスにある値を、*pは整数とみなし、*qは文字とみなしますので、一致しないからです。

例2

2つのポインタを宣言し、代入を行うプログラムを書いてみましょう。

プログラム

```c
1   #include <stdio.h>
2   int main(void)
3   {
4     int *p,*q,x=999;
5     p=&x;
6     q=p;
7     printf("%d %d\n",*p,*q);
8     return 0;
9   }
```

4行目でpとqのポインタを宣言し、整数型変数xを宣言し、xを999に初期化しています。

5行目でポインタpに変数xのアドレスを入れます。これによって、pはxを指します。

6行目のq=pにより、pの内容をqに代入します。pとqは同じ領域を指すようになります。*pの値は999です。*qの値も999です。7行目でそれらの値を表示します。

レッスン38 ポインタ／レッスン39 参照による呼び出し

Webアプリのシミュレータを使ってみよう！

Webアプリの「実演2-0」では、「例2」のプログラム（前ページ）の動作確認を行えます。「実演2-1」では、x++と値の表示を追加したプログラム、「実演2-2」では、整数型変数yを宣言し、-99に初期化し、p=&yを追加したプログラムの動作確認を、それぞれ行えます。
また、「練習」では、pとqの指している領域を交換するプログラムを書く練習を行えます。

39 参照による呼び出し

　関数内で仮引数の値を変更しても、実引数の値は変更されません。

　引数にポインタを使えば、関数内で変更した値を呼び出し側に引き渡すことができます。ポインタは値を参照していますので、引数にポインタを使って関数を呼び出すことを「参照による呼び出し」と呼んでいます。このレッスンでは参照による呼び出しについて学習します。

参照渡し

　関数呼び出しでは、実引数の値が仮引数に渡され（コピーされ）ます。このことを値による呼び出しといいます。実引数と仮引数は別々のものですので、仮引数の変化は実引数に影響を与えません。

　例えば、

void f(**int** x)

{

　　x++;

}

と関数定義しましょう。関数fは仮引数の値を1つ増やし、仮引数の値が変化します。しかし、

int y=10;

f(y);

と呼び出しても、実引数yは11になりません。

　C言語では値による関数呼び出ししかできません。

　関数内で変更した値を呼び出し側に戻すには、引数にポインタを使います。関数には値のアドレスが渡され、擬似的に参照による呼び出しが行えます。関数内ではそのアドレスを使って値を変更し、関数を終了します。値による呼び出しをしていますので、関数呼び出し側に戻ってもそのアドレスは変更しませんが、その内容は関数内で変更されています。

　例えば、

void f(**int** *x)

```
{
  (*x)++;
}
```
と関数定義して、
```
int y=10;
f(&y);
```
と呼び出せば、yは11になります。なお、++の方が*より優先順位が高いので、(*x)++と*x++とは異なります。*x++は、*(x++)の意味になります。

scanfの&

scanfは入力した値を変数に入れる関数です。関数から値を引き渡される必要があるため、変数の前に&をつけたわけです（286ページ）。

例1

引数にポインタを用いる場合と用いない場合の関数呼び出しの例です。

プログラム

```
1   #include <stdio.h>
2   void f1(int x)
3   { x++; }
4   void f2(int *x)
5   { (*x)++; }
```

```
6   int main(void)
7   {
8     int y=10;
9     f1(y);
10    printf("%d\n",y);
11    f2(&y);
12    printf("%d\n",y);
13    return 0;
14  }
```

2行目～3行目で定義している関数f1では、引数にポインタを用いていません。3行目で引数の値を1つ増やしていますが、仮引数の値は実引数に引き渡されないため、関数呼び出し側では実引数の値は変更がありません。

4行目～5行目で定義している関数f2では、引数にポインタを用いて、アドレスを渡しています。5行目で、そのアドレスに記憶されている値を1つ増やしています。関数呼び出し側ではアドレスに変更はありませんが、内容は変更されます。

9行目で関数f1を呼び出していますが、呼び出し終了後、yの値に変化はありません。

11行目で、変数yのアドレス(&y)を関数f2に渡して呼び出します。呼び出し終了後、yの値は1つ増えます。

レッスン39　参照による呼び出し

Webアプリのシミュレータを使ってみよう！

Webアプリの「実演1-0」では、「例1」のプログラム（295〜296ページ）の動作確認を行えます。「実演1-1」では、引数を2つに増やしたプログラムの動作確認を行えます。
なお、Cシミュレータでは、ポインタを使ったf2では、参照するデータに矢印が描かれ、値が更新される様子を見ることができます。

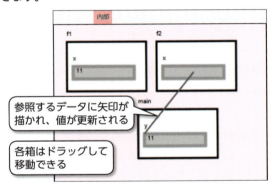

参照するデータに矢印が描かれ、値が更新される

各箱はドラッグして移動できる

例2

2つの引数の値を交換する関数のプログラムを書いてみましょう。

プログラム
```
1   #include <stdio.h>
2   void swap(int *a, int *b)
3   {
```

```
 4      int x;
 5      x=*a;
 6      *a=*b;
 7      *b=x;
 8  }
 9  int main(void)
10  {
11      int x=10,y=20;
12      printf("交換前:%d %d¥n",x,y);
13      swap(&x,&y);
14      printf("交換後:%d %d¥n",x,y);
15      return 0;
16  }
```

2行目～8行目で2つの引数を交換する関数swapを定義しています。*a=*b;*b=*a;とするとうまく値が交換できません。交換処理をするための臨時記憶領域として、4行目でxを宣言し、xを使いながら交換します。

なお、*a>*b（最初の引数の方が大きい）のときだけ、5行目～7行目の交換をするようにすれば、引数は小さい順に並びます。すなわち、5行目～7行目を

```
if (*a>*b) {
  x=*a;
  *a=*b;
  *b=x;
}
```

と変更すれば、並べ替えの関数になります。

Webアプリのシミュレータを使ってみよう!

Webアプリの「実演2-0」では、「例2」のプログラム（297〜298ページ）の動作確認を行えます。「実演2-1」と「実演2-2」では、並べ替えができるように変更したプログラムの動作確認を、それぞれ行えます。
また、「練習」では、アルファベットの大文字を小文字に変換するプログラムを書く練習を行えます。

40 ポインタと配列・文字列

　配列はポインタと深い関連があります。ポインタを使っても配列の操作を行えます。文字列は文字型の配列ですので、ポインタを使って文字列を取り扱うこともよく行います。このレッスンでは、ポインタと配列の関係について学習します。

ポインタと配列

すでに学習した（220ページ）ように、配列の宣言は次のように行います。

```
型 配列名[要素数];
```

この宣言を行うと、要素数分の記憶領域が確保されます。それに加えて、次のように宣言したのと同様に配列名を取り扱えます。

```
型 *配列名
```

この配列名はポインタで、最初の要素（配列名[0]）のアドレスを記憶しています。すなわち、「*配列名」は「配列名[0]」の代わりに使えます。

2番目の要素（配列名[1]）は、次のアドレスにありますので、配列名+1にあり、その内容は*(配列名+1)で参照できます。*(配列名+1)の( )は必要です。もし*配列名+1としますと、*配列名の値に1を加えてしまいます。

一般的に書きますと、次のようになります。

```
配列名[n]   と   *(配列名+n)   は等しい。
```

詳細

Webアプリをチェック！

この項目は発展的な内容ですので、書籍では割愛します。興味のある方は、付録Webアプリをご覧ください。

例1

配列の要素を、配列の添え字を用いる方法とポインタを用いる方法の2つの方法で表示します。

プログラム
```
1  #include <stdio.h>
2  int main(void)
3  {
4    int a[3]={1,2,3};
5    printf("%d %d %d\n",a[0],a[1],a[2]);
6    printf("%d %d %d\n",*a,*(a+1),*(a+2));
7    return 0;
8  }
```

4行目で配列aを宣言し、初期化します。5行目で、添え字を使って配列の各要素を表示します。6行目では、ポインタを用いて各要素を表示します。

a[0]、a[1]、a[2]と*a、*(a+1)、*(a+2)は同じ要素を取り扱うことを確認してください。

Webアプリのシミュレータを使ってみよう!

Webアプリの「実演1-0」では、「例1」のプログラム（前ページ）の動作確認を行えます。「実演1-1」ではdouble型、「実演1-2」ではchar型のプログラムの動作確認を行えます。
int a[3];と配列宣言をすると、Cシミュレータの「内部」は下図のように、aと名付けられる箱と、a[ ]と名付けられる配列が表示されます。

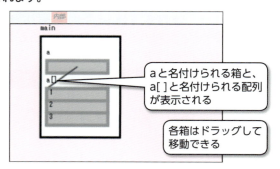

aと名付けられる箱と、a[ ]と名付けられる配列が表示される

各箱はドラッグして移動できる

ポインタと文字列

文字列は文字配列ですので、ポインタを用いて文字列を取り扱うこともよく行われます。

char s[ ]="hello!"と宣言しますと、それぞれの要素は、s[0]、s[1]、……と表せますが、ポインタを使って、*s、*(s+1)、……と表すこともできます。ポインタは関数の引数に使えますので、配列を関数に渡すのにポインタをよく使います。

レッスン40 ポインタと配列・文字列

例2

文字列を**1文字ずつ表示**するプログラムを書いてみましょう。

プログラム

```
1    #include <stdio.h>
2    int main(void)
3    {
4      char *p, s[ ]="abc";
5      p=s;
6      while (*p!=0)
7        printf("%c",*p++);
8      printf("¥n");
9      return 0;
10   }
```

4行目のchar *pで文字型のポインタを宣言しています。char s[ ]="abc"で文字配列を宣言し、"abc"と初期化しています。文字列の最後には'¥0'が入りますので、配列sにはこれを含めて全部で4つの要素があります。

sは配列の最初のアドレスですから、**5行目**でpにそのアドレスが代入されます。

6行目〜7行目のwhile文の条件ではpが指している文字が0でないこと（空文字でないこと）を調べています。*pが0となるのは文字列の最後をpが指すときですので、while文では文字列の最後に至るまで**7行目**を処理しま

す。**7行目**では*pを表示し、*p++の++でpを次の要素のアドレスにしています。*p++は*(p++)であることに注意してください。

> **Webアプリのシミュレータを使ってみよう！**

Webアプリの「実演2-0」では、「例2」のプログラム（前ページ）の動作確認を行えます。「実演2-1」では、文字列の表示部分を関数にしたプログラムの動作確認を行えます。Cシミュレータでは、pの指す領域が次々と変わる様子を見ることができます。

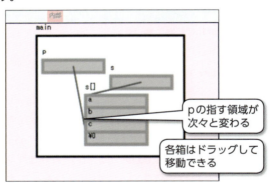

pの指す領域が次々と変わる

各箱はドラッグして移動できる

例3

文字列の中の小文字を大文字に変換するプログラムを書いてみましょう。

レッスン40 ポインタと配列・文字列

プログラム

```c
#include <stdio.h>
void upper(char *c)
{
  while (*c!=0) {
    if ('a'<=*c && *c<='z')
      *c+='A'-'a';
    c++;
  }
}
int main(void)
{
  char s[ ]="abAB";
  printf("変換前:%s\n",s);
  upper(s);
  printf("変換後:%s\n",s);
  return 0;
}
```

2行目～9行目が文字配列cの中にある小文字を大文字に変換する関数upperの定義です。

4行目～8行目のwhile文で、文字列の最後に至るまで5行目～7行目を繰り返します。5行目～6行目で、*cの文字が小文字であれば、大文字に変換します。7行目でcが次の文字を指すようにしています。

12行目で宣言しているようにsは文字列の先頭のアドレスとなりますから、14行目でそのアドレスをupperの引数にしています。

> **Webアプリのシミュレータを使ってみよう！**

Webアプリの「実演3-0」では、「例3」のプログラム（前ページ）の動作確認を行えます。「実演3-1」では、大文字を小文字に変換するプログラムの動作確認を行えます。
「練習」では、length関数を定義して、文字列の文字数を表示するプログラムを書く練習を行えます。

41 構造体

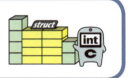

　配列を使うと、多くの値を一括して取り扱えます。10個の整数型の値をまとめ、名前をaと付けるには、**int a[10];** とすればいいのでした。しかし、すべての値が同じ型でないと、配列にまとめることはできません。

　例えば、買い物リストには品名、数量を書きますが、品名は文字列、数量は整数型ですので、型が違うため配列にはまとめることができません。

レッスン41　構造体

　C言語では、異なる型の値をまとめるために、構造体と呼ばれている機能が用意されています。このレッスンではこの構造体について学習します。

構造体の宣言

　型の異なる要素を一括したものを構造体（structure）といいます。各要素をメンバーあるいはメンバと呼びます。構造体中のメンバーを区別できるように、名前を付けます。それらの名前を総称してさらに名前を付けることができます。構造体の全体の名前を構造体タグといいます。

　構造体の変数を宣言するには次のようにします。**struct**は予約語ですので、太字で表しています。

```
struct 構造体タグ {
  型1 メンバー名1;
  型2 メンバー名2;
    :
} 変数名1, 変数名2,…;
```

あるいは、構造体タグを省略して、次のようにできます。

```
struct {
  型1 メンバー名1;
  型2 メンバー名2;
    :
} 変数名1, 変数名2,…;
```

すでに構造体タグが宣言されているときは、各メンバーの型と名前を書かず、次のように構造体を宣言することができます。

> **struct** 構造体タグ　変数名1, 変数名2,…;

次のように、変数名を書かずに、構造体タグだけを宣言することもできます。

> **struct** 構造体タグ　{
> 　型1　メンバー名1;
> 　型2　メンバー名2;
> 　　　:
> };

例えば、品名と数量から構成される買い物リストの場合は、品名を20文字の文字列、数量を整数とすると、次のようにすれば、品名と数量を一括できます。

struct shopping_list {
　char hinmei[20];
　int suuryou;
} y;

文字配列（文字列）のhinmeiと整数型のsuuryouがメンバーであり、その2つをまとめています。構造体タグをshopping_listとして宣言しています。

レッスン41 構造体

メンバーの参照

宣言した構造体のメンバーを参照するには、構造体の変数名の後に「.」(ピリオド) を付け、その後にメンバー名を付けます。「.」は見にくいので、注意してください。

変数名.メンバー名

例えば、

```
struct shopping_list {
  char hinmei[20];
  int suuryou;
} y;
```

と構造体宣言すると、yは変数であり、y.hinmeiで品名を、y.suuryouで数量を参照できます。

参照には変数名とメンバー名の両方が必要ですので、

```
struct uriage_list {
  char hinmei[20];
  int suuryou;
} z;
```

のように、shopping_listと同じメンバー名を使っていても、混同されることはありません。zのsuuryouメンバーはz.suuryouで参照でき、y.suuryouと区別ができます。

例1

構造体を宣言し、メンバーに値を代入してみましょう。

プログラム

```
1   #include <stdio.h>
2   int main(void)
3   {
4     struct s {int a; int b; } u;
5     struct s v;
6     struct t {int a; char b;};
7     struct t w;
8     u.a=10; u.b=20;
9     v.a=30; v.b=40;
10    w.a=50; w.b='A';
11    printf("%d %d\n",u.a,u.b);
12    printf("%d %d\n",v.a,v.b);
13    printf("%d %c\n",w.a,w.b);
14    return 0;
15  }
```

4行目で、2つの整数型のメンバーをまとめる構造体を宣言します。構造体タグはsで、それぞれのメンバー名はaとbです。宣言する変数名はuです。

5行目では、すでに宣言している構造体タグsを使って、変数vを宣言しています。

6行目で、整数型と文字型のメンバーをまとめる構造体

レッスン41 構造体

を宣言し、それぞれのメンバー名をaとbにしています。4行目のメンバー名と同じ名前が使われていますが、混同されません。構造体タグはtです。6行目の宣言では、変数は宣言されていません。

7行目で構造体タグtを使って、wが宣言されています。すなわち、wは整数型と文字型のメンバーを持ちます。

8行目～10行目でそれぞれの変数の各メンバーに値を代入します。11行目～13行目で値を表示しています。

Webアプリのシミュレータを使ってみよう!

Webアプリの「実演1」では、「例1」のプログラム(前ページ)の動作確認を行えます。

なお、Cシミュレータの「内部」には、以下のように**構造体全体が1つの枠で示され、それぞれのメンバー間には区切り線が表示されます。**

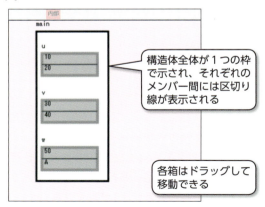

構造体全体が1つの枠で示され、それぞれのメンバー間には区切り線が表示される

各箱はドラッグして移動できる

> **例2**

同じ型の構造体間で代入をするプログラムを書いてみましょう。aとbが同じ構造体の型である場合、b=aとすれば、aの各メンバーの値が対応するbのメンバーに代入されます。

ANSI標準のC言語では、このような代入ができますが、非標準のC言語ではできないことがあります（付録WebアプリのCシミュレータではできません）。構造体間の代入に対応していない場合は、次のように、各メンバー間の代入を行えばいいのです。

プログラム

```
1   #include <stdio.h>
2   int main(void)
3   {
4     struct mystruct {int x; char y;} a;
5     struct mystruct b;
6     a.x=10; a.y='Q';
7     b.x=a.x; b.y=a.y;
8     return 0;
9   }
```

4行目で2つのメンバーを持つ構造体が宣言されています。構造体タグをmystructとしており、**5行目**の宣言に用いています。**4行目**～**5行目**で、整数型と文字型の2つのメンバーを持つ変数aとbが宣言されます。

6行目で、aの各メンバーに代入します。**7行目**で、メンバーごとにaの値をbに代入します。

> **Webアプリのシミュレータを使ってみよう！**

Webアプリの「実演2」では、「例2」のプログラム（前ページ）の動作確認を行えます。

例3

グラフィックスでは構造体がよく使われます。平面上の点は2つの座標値で表せます。これらの値を配列でまとめることもできますが、多くの場合、構造体を使う方がより便利です。次の例では、座標値を整数として、その座標が原点であるかどうかを判断します。

プログラム

```c
1   #include <stdio.h>
2   int main(void)
3   {
4       struct point {int x; int y;} p;
5       p.x=10; p.y=10;
6       if (p.x==0 && p.y==0)
7           printf("pは原点です。\n");
8       else
9           printf("pは原点ではありません。\n");
```

```
10      return 0;
11  }
```

4行目で、各座標値のメンバー名をxとyとして、x座標、y座標を表しています。構造体の変数pを宣言します。

5行目でpに値を代入します。pが原点であればx座標値とy座標値が0ですので、**6行目**で各座標値と0を比較しています。

Webアプリのシミュレータを使ってみよう！

Webアプリの「実演3-0」では、「例3」のプログラム（前ページ～）の動作確認を行えます。「実演3-1」では、pが原点のときのプログラムの動作確認を行えます。
また、「練習」では、p1とp2のうち原点に近い方を表示するプログラムを書く練習を行えます。

42 ファイル処理

ファイルはデータの集まりのことで、ディスクやUSBメモリ等の外部記憶装置の中に記憶されます。ワープロソ

フトなどを使って文書を作成する場合、文書をディスク等にファイルとして保存します。

プログラムで処理した結果も同様に、パソコンの電源を切っても消えないように、ディスク等にファイルとして保存します。そのためには、プログラムでファイル処理を行わなければなりません。

このレッスンではファイル処理について学習します。

FILE型

ファイル処理の中心的な作業は、ファイル内のデータの読み書きです。どういう名前のファイルのどこの位置を読み書きしているかを知らなければ作業ができません。

ファイル処理には、ファイル名と読み書きの位置を記憶する変数が必要になります。C言語では、その変数を次のようにFILE型のポインタとして宣言します。

```
FILE *変数;
```

ファイルにアクセスするためのポインタをファイルポインタと呼びます。FILEはヘッダファイルのstdio.hで宣言されている型です。FILE型の変数はファイルに関する様々な情報をメンバーに持ちます。多くの場合、FILEは構造体として定義されています。メンバーや構造体については、レッスン41「構造体」で学びました。

実際のファイル処理の流れは、次のようになります。

1. FILE型のポインタとして変数を宣言します。
2. その変数とファイル名を結びつけるためにファイルを開きます。
3. ファイルの読み書きを行います。
4. ファイル処理の終了時にファイルを閉じます。

2に対応するファイル処理関数はfopenです。3に対応する関数はfgetcとfputcです。そして、4に対応する関数はfcloseです。これらの関数とFILEについては、stdio.hで定義されていますので、前処理部に
#include <stdio.h>
を追加する必要があります。

ファイルを開く

fopenはファイルを開く関数です。「ファイルを開く」とは、ファイルを読み書きするための準備をコンピュータにしてもらうことをいいます。

fopenでは、次のように、処理するファイル名と開く方法（モード）を文字列で指定します。

```
FILE *fopen(ファイル名, モード)
```

レッスン42 ファイル処理

モード	説明
"r"	ファイルからデータを読み込みます。
"w"	ファイルにデータを書き込みます。もし指定したファイルが存在しないときは、指定したファイル名のファイルを作成し、指定したファイルが存在するときは、データをすべて消去します。
"a"	ファイルにデータを追加します。もし指定したファイルが存在しないときは、指定したファイル名のファイルを作成します。

　ファイルを開く処理が成功すると、fopenはファイルポインタを返します。例えば、読み込みモードでファイルを開くとき、もし指定したファイルが存在しないときは、fopenの処理は失敗します。失敗したとき、fopen関数はNULLを返します。

　NULLは空ポインタと呼ばれ、stdio.hやstddef.hのヘッダファイルで定義されています。ファイルを開くと、データを読み書きするファイルポインタの位置はファイルの先頭になっています。

　例えば、ファイル名が"test.txt"のファイルを書き込み用に開くには、
FILE *fp;
fp=fopen("test.txt", "w");
とします。ファイルを開く処理が成功すれば、fpにはファイルポインタが代入され、fpを用いてファイル情報が参照できます。

ファイルを閉じる

fcloseはファイルを閉じる関数です。「ファイルを閉じる」とは、ファイル処理を終えたことをコンピュータに伝えることをいいます。

```
int fclose(ファイルポインタ)
```

ファイルを閉じる処理が成功すると、0を返します。失敗すると、EOFを返します。多くの場合、EOFは-1と定義されています。

fopenで開いたファイルは必ずfcloseで閉じなければなりません。fopenしたにもかかわらず、fcloseをせずにプログラムを終了すると、コンピュータの動作がおかしくなる場合があります。

例えば、以下のプログラムはデータを読んでいないので実用的ではありませんが、ファイル"file"を読み込み用に開いて閉じています。

```
FILE *fp;
fp=fopen("file", "r");
fclose(fp);
```

ファイルを読む

ファイルポインタは読み書き位置の情報を参照しています。fgetcは現在の読み書き位置にある文字を読み込み、その文字を返し、読み書き位置を次の文字位置に変更しま

レッスン42 ファイル処理

す。

```
int fgetc(ファイルポインタ)
```

ファイルポインタが参照している読み書き位置がファイルの終わりであれば、EOFを返します。

fgetcは文字を返す関数なのに、`char fgetc(ファイルポインタ)`のように定義されていません。int型を返すようにしています。

戻り値の型をintにするのは正当な理由があるのですが、本書のレベルを超えますので、説明は省略します。

ファイルに書く

fputcは現在のファイルポインタの読み書き位置に文字を書き込み、その文字を返し、ファイルポインタの読み書き位置を次の文字位置に変更します。

```
int fputc(文字, ファイルポインタ)
```

書き込み時にエラーが発生すると、EOFを返します。

ファイル処理関数

Webアプリをチェック！

この項目は発展的な内容ですので、書籍では割愛します。興味のある方は、付録Webアプリをご覧ください。

例1

ファイルの内容を表示します。

プログラム

```c
1   #include <stdio.h>
2   int main(void)
3   {
4     int c;
5     FILE *fp;
6     fp=fopen("ex1.txt", "r");
7     if (fp==NULL) {
8       printf("ファイルが見つかりません。¥n");
9       return 0;
10    }
11    while ((c=fgetc(fp))!=EOF)
12      printf("%c",c);
13    fclose(fp);
14    return 0;
15  }
```

5行目で、ファイルポインタfpを宣言しています。

6行目で、ファイル名を"ex1.txt"、モードを"r"として、読み込み用にファイルex1.txtを開きます。

もしファイルex1.txtが存在しないとき、fopenはNULLを返しますので、fpもNULLになり、**7行目**の**if**の条件を満たし、**8行目**〜**9行目**を実行します。**8行目**でメッ

レッスン42 ファイル処理

セージを表示し、**9行目**の **return** で main 関数を終了します。

11行目の while 文の条件で、c=fgetc(fp) を実行しています。fgetc(fp) によりファイルから文字を読み込み、その文字を c に代入しています。その c が c=fgetc(fp) の値となり、EOF と比較されます。もしファイルの終わりに達していなければ、c は EOF ではないので、**while 文の中身（12行目の c を表示）**を処理します。もしファイルの終わりに達していれば、c は EOF になりますので、**while 文**を終了します。fgetc(fp) を実行するたびに、ファイルポインタが次の文字を指すようになります。

ファイルを使い終わりましたので、**13行目**で fclose を実行し、ファイルを閉じています。

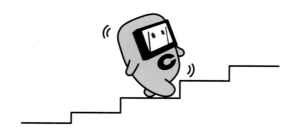

Webアプリのシミュレータを使ってみよう!

Webアプリの「実演1-0」では、「例1」のプログラム(320ページ)の動作確認を行えます。「実演1-1」では、開くファイルが存在しないプログラムの動作確認を行えます。

Cシミュレータでは、ファイルを開く処理が成功すると、ディスクの絵とファイル名が表示され、ファイルポインタからディスクまでの矢印が表示されるようになっています。

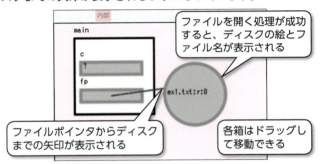

Cシミュレータの下の方には、ファイル名の一覧と、各ファイルの内容を確認するボタンと枠が表示されます。

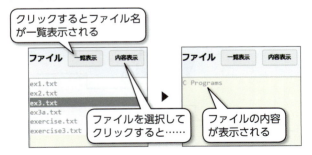

例2

ファイルに文字を書き込むプログラムを書いてみましょう。

プログラム

```c
1   #include <stdio.h>
2   int main(void)
3   {
4     int c='a';
5     FILE *fp;
6     fp=fopen("ex2.txt", "w");
7     if (fp==NULL) {
8       printf("ファイルが作成できません。\n");
9       return 0;
10    }
11    fputc(c,fp);
12    fclose(fp);
13    return 0;
14  }
```

6行目で書き込み用にファイルex2.txtを開きます。

ファイルを開く処理に失敗した場合、fpはNULLになりますので、**8行目〜9行目**でメッセージを表示し、プログラムを終了します。

11行目でcをファイルに書き込みます。

12行目でファイルを閉じます。

Webアプリのシミュレータを使ってみよう！

Webアプリの「実演2」では、「例2」のプログラム（前ページ）の動作確認を行えます。

例3

ファイルをコピーするプログラムを書いてみましょう。

プログラム

```
1  #include <stdio.h>
2  int main(void)
3  {
4    FILE *fp1, *fp2;
5    int c;
6    if ((fp1= fopen("ex3.txt", "r"))==NULL) {
7      printf("ファイルが見つかりません。\n");
8      return 0;
9    }
10   if ((fp2= fopen("ex3a.txt", "w"))==NULL) {
11     printf("ファイルが作れません。\n");
12     fclose(fp1);
13     return 0;
14   }
15   while ((c = fgetc(fp1))!=EOF)
16     fputc(c, fp2);
```

```
17      fclose(fp1);
18      fclose(fp2);
19      return 0;
20   }
```

　4行目で2つのファイルポインタを宣言します。6行目でコピー元のファイルを開きます。開く処理に失敗すると、7行目～8行目を実行し、プログラムを終了します。

　10行目でコピー先のファイルを開きます。開く処理に失敗すると、11行目～13行目を実行し、プログラムを終了します。6行目ですでにコピー元のファイルを開いていますので、12行目のfcloseが必要です。

　15行目でコピー元のファイルから文字を読み、ファイルの終わりに達するまで16行目を繰り返します。

　17行目～18行目で2つのファイルを閉じます。

Webアプリのシミュレータを使ってみよう！

Webアプリの「実演3」では、「例3」のプログラム（前ページ～）の動作確認を行えます。

「練習」では、文字列をファイルに書き込むプログラムを書く練習を行えます。

43 実践練習：関数・文字列・ファイル

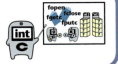

　このレッスンでは、関数・文字列・ファイル処理を使った実践的なプログラムを作ります。

Webアプリのシミュレータを使ってみよう！

Webアプリでは、「練習1」「練習2」「練習3」で、関数、文字列、ファイルを使ったプログラムを書く練習を行えます。

「練習1」では、文字列strの中にある文字cの個数を返す関数countを定義したプログラムを書く練習を行えます。

「練習2」では、文字列の文字を逆順にする関数reverseを定義したプログラムを書く練習を行えます。

「練習3」では、テキストファイルの中にあるifの文字列を数えるプログラムを書く練習を行えます。

レッスン44 応用例：数当てゲーム

44 応用例：数当てゲーム

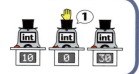

今までのレッスンで学習したことを応用して、数当てゲームのプログラムを作成しましょう。

コンピュータに数を1つ選択してもらい、私たちがコンピュータにいくつかの質問をして、その数を当てます。

数当てゲーム

コンピュータに0から99までの中から、数を1つ選んでもらいます。コンピュータが選んだ数を当てるゲームです。

私たちは推測した数を入力します。コンピュータが選んだ数よりも推測した数が大きければ、コンピュータは「より小さい数です。」と表示し、小さければ「より大きい数です。」と表示します。私たちは、これらのヒントを使って数を推測しますが、解答の機会は5回しかありません。5回以内に当てることができれば私たちの勝ちで、当てられなければコンピュータの勝ちです。

> Webアプリの**シミュレータ**を
> 使ってみよう！

Webアプリでは、数当てゲームのプログラムを「段階1」「段階2」「完成」に分けて作成しています。それぞれのプログラムの動作確認を行えます。

45 応用例：加減算

今までのレッスンで学習したことを応用して、数式を計算するプログラムを作成しましょう。

今までのレッスンでは、計算式をプログラムの中に書き、入力した数と計算式を使って計算結果を表示しました。このレッスンでは、数式自体をキー入力して、その式を計算させ、計算結果を表示させます。

加減算式

整数どうしの加算や減算の式をキー入力し、計算させ、結果を表示させます。

計算式の例として、

1+2

25-10+5
-100+1-30
が挙げられます。

Webアプリでは、加減算のプログラムを「段階1」「段階2」「完成」に分けて作成しています。それぞれのプログラムの動作確認を行えます。

46 応用例：計算ドリル

今までのレッスンで学習したことを応用して、計算ドリルのプログラムを作成しましょう。

計算ドリル

私たちの論理計算力が向上するように、次々と計算問題を出すドリルプログラムを作成します。

パソコンは論理式の計算問題を表示します。私たちは解答をキー入力します。パソコンは、その解答が正解か不正

解かを表示し、新たな問題を表示します。5問の練習が終わったら、正解率を表示します。表示する論理式は、

 a && b =
 a || b =
 !a =

とします。ただし、aとbは0か1です。

Webアプリの シミュレータを 使ってみよう!

Webアプリでは、計算ドリルのプログラムを「段階1」「段階2」「完成」に分けて作成しています。それぞれのプログラムの動作確認を行えます。

第3部

- 学習修了後は？
- C言語豆知識
- 参考文献等
- さくいん

学習修了後は？

コース修了の方ができること・できないこと

　本書の付録Webアプリのコースでは、スマホやパソコンの基本的な操作はできるが、プログラムについて学んだことがない方を対象として、C言語の基礎について解説しています。本コースの修了後、処理が単純で数十行ほどの簡単なプログラムでしたら作成できるようになっているでしょう。

　C言語の入門コースを終えたばかりですので、ほとんどの方は、まだ高度なプログラムを作成することはできないと思います。より高度な技能を身に付けるには、以下の方法があります。

コンパイラの利用

　本書の付録Webアプリでは、Cシミュレータを用いてプログラムの動作確認を行いました。このCシミュレータは、あくまで理解を深めてもらうために利用したもので、実際のプログラム作成には利用しません。実務用にプログラムを作る場合は、C言語プログラムを機械語に翻訳します。この翻訳作業を行うのが、コンパイラと呼ばれている

ものです。

　コンパイラを含んだ開発環境にはたくさんの種類があり、Windowsパソコン用にはVisual Studio（Microsoft社）、Macパソコン用にはXcode（Apple社）があります。実務に使いたいときは、このようなコンパイラの利用方法を覚える必要があります。

　Cシミュレータと異なり、これらのコンパイラでは、途中の計算結果は表示されませんので（デバッガを用いればなんとか可能）、Cプログラムの初心者にはハードルが高いでしょうが、すでに本コースを修了されているみなさんは大丈夫でしょう。

　それぞれのコンパイラの解説書もたくさん出版されていますので、コンパイラの使い方については、それらを参考にしてください。

C言語の未習内容を他書で学習

　C言語について本コースで説明していないことはたくさんあります。中級レベルの書籍もたくさんありますので、それらの本を用いて学習を続けてください。

　そのような書籍では、実際のコンパイラを用いて動作確認をしなければなりませんので、コンパイラの利用方法も覚える必要があります。

プログラム開発手法

　大きいプログラムを作ったり、複数の人で共同して作ったりするときは、系統的・組織的にプログラムを作る必要があります。このための手法（プログラム開発手法）はたくさんあり、解説書もたくさん出版されています。

データ構造とアルゴリズム

　よりよいプログラムを書くためには、コンピュータの中でデータをどのように表現するか、そして、それをどのように処理するかを考えなければなりません。

　前者の表現のことをデータ構造、後者の処理方法のことをアルゴリズムと呼んでいます。効率のよいアルゴリズムにするためには、データ構造を工夫しなければならなかったりして、データ構造とアルゴリズムとは強い関係で結ばれています。

　目的の処理ができるプログラムを作成するだけではなく、効率をも考慮したプログラムを作成するには、このようなデータ構造とアルゴリズムに関する知識が必要になります。データ構造とアルゴリズムに関する書籍もたくさん出版されています。

よいプログラムをたくさん読む・たくさんのプログラムを書く

 以上、今後のステップとしてたくさん説明しましたが、やはり重要なのは、他人の書いたプログラムをたくさん読んで理解したり、自分でいろいろ書いてみることでしょう。英語などの外国語を学ぶのと同じです。練習すればするほど、それだけ力がついてくるはずです。

 たくさんの練習問題を載せている書籍を利用するのも一方法ですが、ゲームプログラムや実務プログラムなど、自分が身近に感じたり、興味があるプログラムを読み書きするのもいいでしょう。

 とにかく、みなさんは基本的なことは学習済みですので、"Practice makes perfect."（習うより慣れろ）です。

C言語豆知識

C言語の歴史

　C言語は、ALGOL60から、CPL、BCPL、Bを経て生まれたプログラミング言語です。C言語は、もともとコンピュータシステム記述用に開発されたものです。

　C言語はさらに発展しており、C++がC言語から開発されています。レッスンで学ぶように、++は1つ値を増やす増分演算子です。その演算子がC++の名称に使われています。

　その後、C言語から派生したC#という言語もあります。

C言語の特徴

　C言語の特徴として
① 構造化したプログラムが書け、読みやすく、プログラムの保守がしやすい。
② 機械語やアセンブリ言語に近いプログラムが書け、ハードウェアを直接制御できる。
③ 演算子の種類が豊富であり、簡潔なプログラムが書ける。
などが挙げられます。①～③で前述したように、C言語で

は、高級言語であるFORTRANやBASICのように人間が理解しやすいプログラムを書くことができるのに加えて、アセンブリ言語のような低級言語でしかできないプログラムも書くことができます。C言語を「高級アセンブリ言語」と呼ぶ人もいるくらいです。

移植

あるコンピュータで動いているプログラムを別の種類のコンピュータで動くようにプログラムを書き換えることを「移植する」といいます。アセンブリ言語はコンピュータの種類が異なるとまったく異なるので、アセンブリ言語のプログラムの移植作業は困難な仕事です。FORTRANやBASICなどの言語は、コンピュータの種類が違ってもほぼ同じプログラムで書かれますが、ハードウェアを直接制御するのが難しいため、ハードウェアに密着したプログラムを書くことが難しくなります。

しかし、C言語では、ある程度規格ができており、ハードウェアに密着したプログラムも書けるため、ハードウェアを直接使用するプログラムを移植することは、比較的容易です。例えば、C言語で書かれているUNIXというオペレーティングシステム（オペレーティングシステムは、ハードウェアとアプリケーションプログラムを結ぶもの）は、多くのコンピュータに移植されています。

変数名の付け方

　変数名は、最初の文字が英文字かアンダーバーで、その後の文字が英数字かアンダーバーとします。さらに細かい基準を作って、変数名だけをみれば、どのような変数かをわかるようにするときもあります。このような基準は、多くの人でプログラムを共同して作る場合には特に重要になります。

　Windows上で動くプログラムを作るとき、ハンガリー記法で変数名を付ける場合があります。ハンガリー記法は、ハンガリー出身のプログラマー Charles Simonyi が使いだしました。ハンガリー記法では、最初の数個の小文字で変数の型を表します。例えば、szCmdLineのszは文字列を意味します。

C++

　C言語にオブジェクト指向の機能を加えたのが、C++です。C++は、Bjarne Stroustrupにより考案されました。オブジェクト指向の大きな特徴として、カプセル化、ポリモーフィズム、継承が挙げられます。それぞれについての説明は割愛しますが、これらの特徴により、複雑なプログラムが作りやすくなります。

　プログラムが複雑になってきている現在、C++の重要性は増すばかりです。C言語をマスター後、C++の学習に進まれることは有益でしょう。

C言語豆知識

用語の英訳

プログラムでは、英単語がよく用いられます。すべてではありませんが、本書で学ぶ用語の英訳を挙げましょう。

用語	英訳
演算子	operator
型	type
関数	function
減分	decrement
構造体	structure
再帰的	recursive
実数	real number
初期化	initialization
整数	integer
増分	increment

用語	英訳
添字	subscript
代入	assignment
注釈	comment
配列	array
引数	argument
複文	compound statement
文	statement
変数宣言	variable declaration
乱数	random numbers
論理演算子	logical operator

参考文献等

旧版(『見てわかるC言語入門』)では、書籍やコースウェアを作成する上で、多くの書籍、ウェブサイト、素材集を参考・利用いたしました。本書やWebアプリを作成する上で、引き続き参考にしたもの、新たに参考にしたものをカテゴリごとに挙げます。

● C言語

B.W. カーニハン、D.M. リッチー (著)、石田 晴久 (訳):
『プログラミング言語C ANSI規格準拠 第2版』共立出版 (1989)

柴田 望洋 (著):『新・明解C言語 入門編』SBクリエイティブ (2014)

平林 雅英 (著):『新ANSI C言語辞典』 技術評論社 (1997)

Samuel P. Harbison、Guy L. Steele Jr.(著):
『C: A Reference Manual, 4th edition』Prentice Hall(1995)

● Webアプリ開発

株式会社アンク (著):『HTML5 & CSS3辞典』翔泳社 (2011)

岡本 隆史、梶原 直人、田中 智文 (著):
『Android/iPhone/Windows Phone対応 jQuery Mobileス

マートフォンアプリ開発』ソフトバンククリエイティブ（2012）

久保田 光則、アシアル株式会社（著）：『[iOS/Android対応]HTML5 ハイブリッドアプリ開発[実践]入門』技術評論社（2014）

Michael Collier、Robin Shahan（著）：『Fundamentals of Azure』Microsoft Press（2015）

Margaret Driscoll、Angela van Barneveld（著）：『Applying Learning Theory to Mobile Learning』ATD Press（2015）

David Flanagan（著）：『JavaScript: The Definitive Guide, 6th edition』O'Reilly Media（2011）（村上 列（訳）：『JavaScript 第6版』オライリージャパン（2012））

Kevin Kline、Daniel Kline（著）、石井 達夫、宮原 徹（監訳）：『SQLクイックリファレンス』オライリージャパン（2001）

Richard E. Mayer（著）：『Multimedia Learning, 2nd edition』Cambridge University Press（2009）

Scott McQuiggan、Lucy Kosturko、Jamie McQuiggan、Jennifer Sabourin（著）：『Mobile Learning: A Handbook for Developers, Educators, and Learners』Wiley（2015）

Rick Rainey（著）：『Azure Web Apps for Developers』Microsoft Press（2015）

●**開発環境・クラウドサービス**
Amazon Polly：https://aws.amazon.com/jp/polly/
Bitbucket：https://bitbucket.org/
Google Chrome Web Browser：https://www.google.com/chrome/
Microsoft Azure：https://azure.microsoft.com/ja-jp/
Sourcetree：https://www.sourcetreeapp.com/
WebStorm：https://www.jetbrains.com/webstorm/

●**ウェブサイト**
HTML5リファレンス - HTMLクイックリファレンス：http://www.htmq.com/html5/
Can I use…：https://caniuse.com/
jQuery：https://jquery.com/
jQuery Mobile：https://jquerymobile.com/
Node.js：https://nodejs.org/ja/

●**素材集**
Webアプリではいくつかのクリップアートを利用しています。その中で、ライセンス上著作権を明記しなければならないものは以下のとおりです。
Corel

さくいん

付録 Web アプリの索引（35 ページで紹介）もご利用ください。

【記号】

" "	45
"a"	317
"r"	317
"w"	317
'	235
#define	229
#include 指令	254
¥	55
¥n	57
¥¥	57
%	68、120
%%	57
%c	57、235
%d	57
%e	78
%E	78
%f	57、78、137
%g	78
%G	78
%lf	137
%o	57
%s	57、244
%x	57
&	134、286
&&	146
*	68、120、285
*/	140
=	109、111
==	112、144
<=	144
>=	144
+	68、120
++	125
-	68、120
--	127
;	45、61、126
!	146
!=	144
/	68、120
/*	140
\	55
||	146
( )	44、69

【数字】

10 進数	85
16 進数	90
2 進数	86
8 進数	88

【A、B】

AND	146
ANSI	48、233
ASCII コード	233
ASCII コード表	234
atoi 関数	278

BASIC	337
break文	182、209

【C】

C#	14、336
C++	14、336、338
case	178
char	104、235、241
char型	104、235、286
C言語	13、336
C言語の特徴	336
C言語の歴史	336
Cシミュレータ	5、38、49

【D、E】

default	178
do～while文	212
double	106
double型	285
else	156
EOF	318

【F】

fclose	318
fgetc	318
FILE型	315
float	106
fopen	316
for	187、195
FORTRAN	337
for文	187、199
fputc	319

【I】

if～else文	155
ifの中にif	159
if文	150、153
int	43、102
int型	285
ISO	48

【J、K、L、M、N】

JIS	47、49
K&R	49
long	104
main	43
main関数	43、251
NOT	146
NULL	317

【O、P、R】

Objective C	14
OR	146
printf	44、55、254
puts関数	277
rand関数	280
return	43
return文	263

【S、T、U】

scanf	133、254
short	104
srand関数	280
struct	307

switch文	178
time関数	281
UNIX	337

【V、W、X】

Visual Studio	333
void	43、250、260
while文	205
Xcode	333

【あ行】

アセンブリ言語	336
値による呼び出し	294
アドレス	283
アドレス演算子	286
余り	68
アルゴリズム	334
アンダーバー	98
移植	337
インクリメント	125
インクルード	254
インデント	150
右辺	109
エスケープ・シーケンス	236
円記号	55
演算子	336
音声の再生	40

【か行】

改行	57
解説の画面	29
学習項目の画面	29
学習履歴の画面	33
拡張表記	236
掛け算	68
加算	68、120
仮数	77
型	101
型変換	110
括弧	69
空ポインタ	317
仮引数	260
関係演算	151
関係演算子	143、167
関数	43、249、259、326
関数原型宣言（関数プロトタイプ宣言）	253
関数定義	250、259
関数名	251
関数呼び出し	251、260
記憶装置	103
機械語	13、336
空文字	241
繰り返し	187、199、205、212、217
計算	142
減算	68、120
減分	127
高級アセンブリ言語	337
構造体	307
骨格	42
コメント	139
コンパイラ	4、332

【さ行】

| 再帰処理 | 271 |

索引の画面	35
左辺	109
算術演算子	70
参照	110、221
参照による呼び出し	293
識別子	99
字下げ	150
指数	77
四則演算子	69
実数	76
実数型	106、285
実引数	260
シミュレータの画面	31
自由形式	65
出力書式指定	243
条件演算子	167
条件式	167
乗算	68、120
小数点付き	57
剰余	68、120
初期化	117、222、242
除算	68、120
書式	56
処理部	43
スコープ	268
整数	57、75
整数型	102、109、285
設定の画面	36
全角空白	52
宣言部	43
選択文	186
増分	125
総和	218
添字	221
ソフトウェア	12

【た行】

代入	109、122、235、243、290
代入文	110
足し算	68
単項&演算子	286
注釈	139
データ構造	334
デクリメント	127
デバッグ	53

【な行】

流れ図	46
ナル文字	241
入力	133
入力書式指定	244
ヌル文字	241

【は行】

ハードウェア	12
バイト	284
配列	219、248、300
配列名	220
バグ	53
パスワード	20、26
バックスラッシュ	55
半角空白	52
判断文	150
番地	283
引き算	68

さくいん

引数 .... 44、259
ビット .... 86、284
否定 146
表紙 27
ファイル .... 314、326
ファイルに書く 319
ファイルポインタ 315
ファイルを閉じる 318
ファイルを開く 316
ファイルを読む 318
複合代入演算子 131
複合文 171
複文 171
浮動小数点型 106
浮動小数点表現 76
フリーフォーマット 65
フローチャート 46
プログラミング言語 13
ブロック 171
文 .... 45、61
文法 15
ヘッダファイル 254
返却値 263
変数 .... 97、133、218、282
変数宣言 .... 101、110、235
変数宣言とは 103
変数とは 97
変数名
 .... 97、98、101、282、338
ポインタ .... 283、300
ホーム画面 27

【ま行】

前処理部 .... 43、231、254
マクロ名 229
メモリ 103
メンバ 307
目次の画面 33
文字 233
文字型 235
文字列
 .... 44、57、241、248、326
モード 316
戻り値 .... 43、262

【や行】

有効先頭文字数 98
有効範囲 268
ユーザー名 .... 20、26
ユーザー登録 .... 19、26
要素 221
要素数 220
予約語 .... 45、98

【ら行】

ライセンスキー .... 19、26
ライブラリ関数 .... 254、276
ラベル 178
乱数 280
累乗 76
ループ .... 190、217
ログアウト 24
ログイン 24
論理演算子 146

347

論理演算 151
論理積 146
論理和 146

【わ行】

割り算 68

N.D.C.549　348p　18cm

ブルーバックス　B-2086

Web学習アプリ対応　C言語入門
スマホ・PCを使いスキマ時間で楽々習得

2019年2月20日　第1刷発行

著者	板谷雄二	
発行者	渡瀬昌彦	
発行所	株式会社講談社	
	〒112-8001　東京都文京区音羽2-12-21	
電話	出版　03-5395-3524	
	販売　03-5395-4415	
	業務　03-5395-3615	
印刷所	(本文印刷) 豊国印刷 株式会社	
	(カバー表紙印刷) 信毎書籍印刷 株式会社	
本文データ制作	ブルーバックス	
製本所	株式会社国宝社	

定価はカバーに表示してあります。
©板谷雄二 2019, Printed in Japan
落丁本・乱丁本は購入書店名を明記のうえ、小社業務宛にお送りください。
送料小社負担にてお取替えします。なお、この本についてのお問い合わせ
は、ブルーバックス宛にお願いいたします。
本書のコピー、スキャン、デジタル化等の無断複製は著作権法上での例外
を除き、禁じられています。本書を代行業者等の第三者に依頼してスキャン
やデジタル化することはたとえ個人や家庭内の利用でも著作権法違反です。
R〈日本複製権センター委託出版物〉複写を希望される場合は、日本複製
権センター（電話03-3401-2382）にご連絡ください。

ISBN978－4－06－514792－4

発刊のことば

科学をあなたのポケットに

二十世紀最大の特色は、それが科学時代であるということです。科学は日に日に進歩を続け、止まるところを知りません。ひと昔前の夢物語もどんどん現実化しており、今やわれわれの生活のすべてが、科学によってゆり動かされているといっても過言ではないでしょう。

そのような背景を考えれば、学者や学生はもちろん、産業人も、セールスマンも、ジャーナリストも、家庭の主婦も、みんなが科学を知らなければ、時代の流れに逆らうことになるでしょう。ブルーバックス発刊の意義と必然性はそこにあります。このシリーズは、読む人に科学的に物を考える習慣と、科学的に物を見る目を養っていただくことを最大の目標にしています。そのためには、単に原理や法則の解説に終始するのではなくて、政治や経済など、社会科学や人文科学にも関連させて、広い視野から問題を追究していきます。科学はむずかしいという先入観を改める表現と構成、それも類書にないブルーバックスの特色であると信じます。

一九六三年九月

野間省一

ブルーバックス　コンピュータ関係書

- 1084 図解 わかる電子回路　加藤 肇／見城尚志
- 1989 Excelで遊ぶ手作り数学シミュレーション　高橋尚久
- 1430 今さら聞けない科学の常識2　朝日新聞科学グループ=編
- 1699 これから始めるクラウド入門 2010年度版　リブロワークス
- 1656 理系のためのクラウド知的生産術　堀 正岳
- 1753 振り回されないメール術　田村 仁
- 1755 入門者のExcelVBA　立山秀利
- 1769 知識ゼロからのExcelビジネスデータ分析入門　住中光夫
- 1791 卒論執筆のためのWord活用術　田中幸夫
- 1802 実例で学ぶExcelVBA　立山秀利
- 1825 メールはなぜ届くのか　草野真一
- 1837 理系のためのExcelグラフ入門　金丸隆志
- 1850 入門者のJavaScript　立山秀利
- 1881 プログラミング20言語習得法　小林健一郎
- 1926 SNSって面白いの？　草野真一
- 1950 実例で学ぶRaspberry Pi電子工作　金丸隆志
- 1962 脱入門者のExcelVBA　立山秀利
- 1977 カラー図解 最新Raspberry Piで学ぶ電子工作　金丸隆志
- 1989 入門者のLinux　奈佐原顕郎
- 1999 カラー図解 Excel「超」効率化マニュアル　立山秀利

- 2001 人工知能はいかにして強くなるのか？　小野田博一
- 2012 カラー図解 Javaで始めるプログラミング　高橋麻奈
- 2045 サイバー攻撃　中島明日香
- 2049 統計ソフト「R」超入門　逸見 功

ブルーバックス発の新サイトがオープンしました!

・書き下ろしの科学読み物

・編集部発のニュース

・動画やサンプルプログラムなどの特別付録

ブルーバックスに関する
あらゆる情報の発信基地です。
ぜひ定期的にご覧ください。

ポチッ

| ブルーバックス | 検索 |

http://bluebacks.kodansha.co.jp/